农药化合物与血清白蛋白结合研究及其应用

NONGYAO HUAHEWU YU XUEQING BAIDANBAI
JIEHE YANJIU JIQI YINGYONG

徐洪亮　著

中国农业出版社
北　京

前　　言

　　毒性问题是决定药物能否开发成功的关键因素，药物毒性的早期预测可以精准指导药物合成，从而缩短开发周期、降低成本。农药是维护粮食安全的有力武器，绝对大多数农药属于化学农药，本质上是小分子化合物。随着农药安全问题日益受到关注，农药开发早期就要开始关注毒性问题。若想从源头上解决毒性问题，就要在早期对化合物毒性进行评估。现有的早期预测毒性方法主要有定量结构-毒性效应关系研究、细胞毒性测试及生物标志物检测等。然而，现有毒性预测方法均存在一些不足，亟须开发新的药物毒性预测方法。

　　血清白蛋白是最主要的载体蛋白，药物进入体内首先与其结合，药物分子与血清白蛋白结合影响其药效学、药代动力学、药理学和毒理学等指标。国内外学者在这方面已经开展了大量理论研究，然而，在应用研究上一直未见明显突破。作者在本书中，使用多种光谱学和分子对接技术研究了多种农药化合物与血清白蛋白结合，并在其应用方面做了有益尝试。这也是作者出版本书的主要目的。

　　本书共分为5章：第1章为绪论部分；第2～4章介绍了15种氨基甲酸酯类农药、苯噻菌胺、泽兰黄素和桃叶珊瑚苷等化合物与血清白蛋白相互作用研究；第5章介绍了药物化合物与血清白蛋白结合的应用。第5章本书的精华部分，也是最想介绍给读者的内容，该部分重点介绍了作者在药物与载体蛋白结合的应用方面的最新成果：作者首次提出并证明了基于载体蛋白结合信息角度预测药物毒性具有可行性，创建了一种新的药物毒性预测方法，即"载体蛋白结合信息–毒性关系法"（Carrier protein binding information–toxicity relationship，CPBITR），并建立了药物毒性预测新平台，即"基于与载体蛋白结合信息角度预测药物毒性平台"（Platform for predicting drug toxicity based on the information of binding with carrier protein，2021SR0226101）。

本书可供植保、医药、毒理、药理等领域的学者或研究生参考。

饮水思源。本书能够顺利出版，要感谢我的导师吉林大学李正强教授、华中师范大学杨光富教授、黑龙江大学高金胜教授对我的培养，感谢吉林大学付学奇教授在我成长过程中的宝贵帮助，感谢洛阳师范学院李道金博士提供的技术支持，感谢我的学生邢月在本书写作过程提供的巨大帮助，感谢课题组成员王子时、张健、李香帅、侯晨昕等提供的帮助。

感谢黑龙江大学植物保护学科、黑龙江省自然科学基金（LH2019C055）和中国博士后科学基金（2019M651316）对本书出版的资助。

由于作者水平有限，书中难免有疏漏和不妥之处，敬请各位读者批评指正。

徐洪亮

2021 年 5 月

目　录

前言

第 1 章　绪论 ……………………………………………… 1

1.1　引言 …………………………………………………… 1

1.2　血清白蛋白的结构基础与功能 ……………………… 2

  1.2.1　血清白蛋白结构 ………………………………… 3

  1.2.2　血清白蛋白的主要生理功能 ………………… 4

1.3　维系和稳定蛋白质的作用力 ………………………… 6

  1.3.1　氢键 …………………………………………… 6

  1.3.2　范德华力 ……………………………………… 6

  1.3.3　疏水作用 ……………………………………… 7

  1.3.4　静电作用 ……………………………………… 7

  1.3.5　二硫键 ………………………………………… 8

  1.3.6　配位键 ………………………………………… 8

1.4　农药与蛋白质相互作用的重要意义 ………………… 8

1.5　金属离子对药物与蛋白质结合的影响 ……………… 9

1.6　农药和蛋白质相互作用的主要研究方法 …………… 10

  1.6.1　紫外-可见吸收光谱 …………………………… 10

  1.6.2　荧光光谱法 …………………………………… 12

  1.6.3　圆二色谱法 …………………………………… 15

  1.6.4　傅里叶变换红外光谱 ………………………… 16

  1.6.5　分子对接 ……………………………………… 17

1.7　农药与蛋白质相互作用研究的主要指标 …………… 19

　　1.7.1　结合常数和结合位点数的确定 ···················· 19

　　1.7.2　小分子与蛋白质结合位置的确定 ·················· 20

　　1.7.3　热力学分析和结合力类型的确定 ·················· 22

　　1.7.4　小分子对蛋白质构象的影响 ······················ 23

　1.8　药物-载体蛋白结合与其毒性 ························ 23

　参考文献 ·· 24

第2章　氨基甲酸酯类农药与 HSA 相互作用研究 ········· 31

　2.1　氨基甲酸酯类农药概述 ······························ 31

　2.2　氨基甲酸酯类农药对 HSA 紫外-可见光谱的影响 ········ 33

　2.3　氨基甲酸酯类农药对 HSA 普通荧光光谱的影响 ········· 37

　2.4　猝灭机制的判断 ···································· 40

　2.5　结合常数和结合位点数的确定 ························ 45

　2.6　热力学参数计算及作用力类型的判断 ·················· 51

　2.7　非辐射能量转移和结合距离 ·························· 56

　2.8　氨基甲酸酯类农药对 HSA 构象的影响 ················ 60

　　2.8.1　同步荧光光谱分析 ······························ 60

　　2.8.2　三维荧光光谱分析 ······························ 66

　　2.8.3　圆二色性光谱分析 ······························ 74

　2.9　分子对接法研究氨基甲酸酯类农药与

　　　　HSA 作用细节 ·································· 78

　2.10　结论 ·· 85

　参考文献 ·· 86

第3章　苯噻菌胺与人血清白蛋白相互作用 ··············· 90

　3.1　苯噻菌胺概述 ······································ 90

　　3.1.1　苯噻菌胺的开发沿革 ···························· 90

　　3.1.2　苯噻菌胺的合成路线 ···························· 90

　　3.1.3　苯噻菌胺的生态效应与毒性 ······················ 92

3.1.4　作用机理与特点 ································· 92

3.2　苯噻菌胺对 HSA 紫外吸收光谱的影响 ·········· 93

3.3　苯噻菌胺对 HSA 普通荧光光谱的影响 ·········· 94

3.4　猝灭机制研究 ···································· 95

3.5　结合位点数和结合常数确定 ····················· 97

3.6　热力学分析和相互作用力类型 ··················· 98

3.7　非辐射能量转移和结合距离 ····················· 99

3.8　苯噻菌胺对人血清白蛋白构象的影响 ········· 101

3.8.1　同步荧光光谱研究 ························· 101

3.8.2　三维荧光光谱研究 ························· 102

3.8.3　圆二色光谱研究 ··························· 102

3.9　分子对接模拟 ··································· 104

3.10　结论 ··· 106

参考文献 ··· 107

**第 4 章　泽兰黄素、桃叶珊瑚苷与牛血清白蛋白
结合研究** ·································· 111

4.1　泽兰黄素与牛血清白蛋白相互作用研究 ········ 111

4.1.1　泽兰黄素概述 ····························· 111

4.1.2　紫外光谱学实验 ··························· 112

4.1.3　BSA 荧光猝灭研究 ························ 114

4.1.4　猝灭机制的分析 ··························· 114

4.1.5　结合常数和结合位点数的确定 ············· 117

4.1.6　热力学分析和结合力类型的确定 ··········· 119

4.1.7　能量由 BSA 向泽兰黄素转移 ············· 120

4.1.8　构象变化研究 ····························· 122

4.1.9　分子对接分析 ····························· 124

4.2　桃叶珊瑚苷与牛血清白蛋白的相互作用 ········ 127

4.2.1　桃叶珊瑚苷概述 ··························· 127

4.2.2 荧光猝灭研究 ·················· 129

4.2.3 猝灭机制分析 ·················· 131

4.2.4 结合常数和结合位点的确定 ·········· 136

4.2.5 热力学分析和结合力类型的确定 ········ 139

4.2.6 构象变化研究 ·················· 141

参考文献 ························· 146

第5章 农药化合物与血清白蛋白结合应用 ······· 153

5.1 药物结合血清白蛋白与其毒性研究现状 ····· 153

5.2 现有毒性预测方法研究进展 ··········· 154

5.3 建模的基本理论与方法概述 ··········· 156

5.4 基于载体蛋白结合角度构建药物毒性预测新方法 ··· 157

5.4.1 毒性预测回归模型 ··············· 158

5.4.2 毒性预测分类模型 ··············· 166

5.4.3 载体蛋白结合信息-毒性关系法的建立 ····· 167

5.4.4 药物毒性预测平台的构建 ··········· 168

5.5 总结与展望 ···················· 169

参考文献 ························· 170

第 1 章 绪 论

1.1 引言

农药是指用于预防、消灭或者控制危害农业、林业的病、虫、草和其他有害生物以及有目的地调节植物、昆虫生长发育的化学合成或者来源于生物、其他天然物质的一种物质或者几种物质的混合物及其制剂[1]，其广泛用于农林牧渔业生产、环境和家庭卫生除害防疫、工业品防霉与防蛀等。

农药品种很多，按用途主要可分为杀虫剂、杀螨剂、杀鼠剂、杀线虫剂、杀软体动物剂、杀菌剂、除草剂、植物生长调节剂等；按加工剂型可分为粉剂、可湿性粉剂、乳剂、乳油、乳膏、糊剂、胶体剂、熏蒸剂、熏烟剂、烟雾剂、颗粒剂、微粒剂及油剂等；按原料来源可分为矿物源农药（无机农药）、生物源农药（天然有机物、微生物、抗生素等）及化学合成农药；按化学结构主要可分为有机氯、有机磷、有机氮、有机硫、氨基甲酸酯、拟除虫菊酯、酰胺类化合物、脲类化合物、醚类化合物、酚类化合物、苯氧羧酸类、脒类、三唑类、杂环类、苯甲酸类、有机金属化合物类等，它们均属有机合成农药[2-3]。

农药作为防治作物病、虫、草害的有效武器，是维持人类社会稳定的基本保障，是构成现代农业的三大顶梁柱之一。若没有农药，全球粮食产量减少约 1/3。综合防治是有效治理病、虫、草、鼠害的可持续途径，但在实际生产中，农药仍然是最主要的防治措施之一，因此农药是保护作物、减少产量损失的重要手段和工具。生物是不断进化的，无论是农作物自身，还是有危害作物的各类杂草、昆虫以及微生物都在不断发生变异。因此，若想长久地、更好地发挥农药维护粮食安全的重要作用，必须不断开发设计新农药。但新农药创制非常复杂，不仅需要研究化合物的活性，还要研究其药理、毒理和代谢等多个问题。特别是随着环保意识的增强，农药毒害问题愈发受到重视。其实，不只是农药化合物毒害研究受到重视，医药化合物的毒害也同样重要。研究显示，大量高活性化合物最终因为毒害问题被淘汰。因此，研究农药化合物的毒害问题是非常重要的。

　　农药毒害主要分为对非靶标生物的直接毒害和对生态环境的危害。在对非靶标生物毒害中，其对人类的毒害作用受到特别关注。众所周知，药物进人体血液后便会不同程度地与血清白蛋白（serum albumin，SA）结合形成结合型药物，而没有结合的药物部分称为游离型药物，后者是直接发挥药效、药理、毒理的部分[4]。依据药物与蛋白质结合类型、结合力大小及所引起的生理效应可设计出选择性更高、药效更强、毒副作用更小的靶向药物。血清白蛋白与药物分子的作用，既反映了药物的药代动力学性质和药理活性，又反映了血清白蛋白的生理学功能[5-6]。因而药物的所有药代、药效、药理和毒理效应都可以简单地理解为机体内生物大分子对外源性分子的整体应答。因此，要研究农药对人体的毒害，可以从农药与血清白蛋白结合角度入手。这点在以往的研究中常常被忽视。我们首次提出并证明了基于载体蛋白结合信息这一新视角预测药物急性毒性的新思想具有可行性，建立了新的药物毒性预测新方法和新平台，基于载体蛋白结合信息角度这一全新视角较为系统地论述农药对人体毒害作用。

1.2　血清白蛋白的结构基础与功能

　　血清白蛋白是血液中含量最丰富的蛋白质，是循环体系的运输蛋白。它分子质量小、结构稳定、易与多种内外源物质结合，对药物的药理药效发挥具有重要作用。人血清白蛋白和牛血清白蛋白是两种最常见的血清白蛋白模型。

1.2.1 血清白蛋白结构

（1）人血清白蛋白结构 人血清白蛋白（HSA）是人体血浆中含量丰富的载体蛋白质，在血浆中的含量约占 60%，浓度为 42 g·L^{-1}。HSA 是一种单链非糖基化球状蛋白，包含 585 个氨基酸残基，分子质量为 66.5 ku[7]。HSA 通过 17 个二硫键桥维持其心形形状，并包含一个游离的巯基半胱氨酸（Cys-34）和一个色氨酸残基（Trp-214）[8]。晶体学数据分析显示 HSA 中含有三个同源的 α-螺旋结构域（Ⅰ、Ⅱ和Ⅲ），分别为Ⅰ（残基1-195）、Ⅱ（残基196-383）和Ⅲ（残基384-585），每一个结构域都可以进一步分成 A 和 B 两个子结构域，且每个子结构域都有其特定的结构和功能特征[9]。配体在 HSA 中结合位点的主要区域处于亚结构域ⅡA（位点Ⅰ）和亚结构域ⅢA（位点Ⅰ）的疏水腔中，以及位于亚结构域ⅠB中（新的药物结合位点）[10-11]。这些多重结合位点凸显出 HSA 充当主要储库和转运蛋白的特殊能力[12]。该蛋白能够与血液中多种内源性和外源性药物结合，并转运和递送至其靶器官，以发挥特定的药理作用和适当的目标疗效。

（2）牛血清白蛋白结构 除了人血清白蛋白外，牛血清白蛋白也是研究蛋白质理化性质、生物学功能以及相关小分子体内代谢的理想蛋白模型[13-17]。牛血清白蛋白（BSA）和人血清白蛋白分子是同源蛋白，BSA 的结构与 HSA 具有 76% 的相似度[18]，二者的氨基酸序列高度相似，并且不同氨基酸之间是保守性替代。因此，BSA 成为研究药物与蛋白相互作用的最常用模式蛋白之一。BSA 是一种分子质量为 66.4 ku 的球状心形蛋白，由 583 个氨基酸残基组成。它包含三个同源域（Ⅰ、Ⅱ和Ⅲ），被 17 个二硫键分成 9 个环（L1-L9）。每个同源域中的环由"大-小-大"三个为一组的序列环构成。每个结构域包含两个子域（ⅠA，ⅠB等）。X-晶体衍射数据表明，血清白蛋白结构主要是 α-螺旋，其余的多肽形成无规卷曲，亚结构域之间的可延展或柔性区域之间没有 β-折叠[18-22]。BSA 的内源性和外源性配体结合位点可能位于 IIA 和 IIIA 子域，分别称为 Sudlow I 和 II 位点，药物结合位点通常位于这些区域[23]。BSA 含两个能产生自发荧光的色氨酸残基 Trp134 和 Trp213[22,24]，分别位于蛋白质的表面和分子内的疏水性结合口袋中。Sulkowska 等研究表明，当研究药物的结合位点时，在 IIA 子域内的 BSA Trp213 和 HSA Trp214 荧光降低程度相似[25]。

1.2.2 血清白蛋白的主要生理功能

(1) 结合运载功能 血清白蛋白分子能与药物、代谢物、调节物和金属离子等多种物质结合，直接影响药物的吸收、转运、代谢及清除。血清白蛋白能结合多种物质很可能与其"构象适应"特性有关。血清白蛋白分子内维系螺旋的作用力较弱，当它与某物质结合时，螺旋分开，肽链内残基侧链方位发生改变，引起分子表面活性基团适宜分布，构象变得更容易与配体结合。这对于其在血浆中起运输载体及解毒剂的作用可能具有重要意义[26,27]。

血清白蛋白与药物结合的主要结合位点是位点 I 和 II。通常，与位点 I 结合的是二羧酸及分子中心带有负电荷的体积较大的杂环分子，如水杨酸盐和青霉素等；与位点 II 结合的是分子一端带有负电荷的酸性基团的芳香性羧酸，如 L-色氨酸和甲状腺素等[26]。与同一位点结合的药物之间可能互相竞争，也可能互相替代[28]。

(2) 维持血液胶体渗透压及物质交换 血浆总蛋白分子数的 60% 左右为血清白蛋白，其分子质量相对较小，可维持 80% 的血浆胶体渗透压。同时，它所带的负电荷为血管内带正电荷的粒子提供了吸引力，也参与了维持渗透压。实际上，胶体渗透压的改变正是诱导血清白蛋白合成的前提。血清白蛋白还可以调控组织液的分布，在正常人体微循环中，血浆与组织液间不断进行营养物质和代谢产物的交换[26]。

(3) 稳定血液中的 pH 血清白蛋白能与多种酸性物质或碱性

物质结合，进而保持血液中 pH 稳定。

(4) 催化活性 血清白蛋白与某些小分子结合时可表现出酶活性。HSA 具有酯酶活性，可以激活一些药物前体，如血清白蛋白可在很短时间内通过水解 olmesartan medoxomil 成 olmesartan（抗高血压药物）激活其活性[26]。血清白蛋白存在一个自由的 Cys34，使其具有硫酯酶活性，可以降解戒酒硫，因而具有重要的临床意义[29]。HSA 结合位点 I 的氨基酸残基还能降解 subenicillin，对 R 型的降解速度比 S 型快[30]。因此，HSA 的酶活性与配体结合特性一样具有空间结构特异性。HSA 对二氢睾酮具有烯醇酶活性，活性位点位于分子的氨基端[31]。Drmanovic 等发现肿瘤前体细胞中含有较高浓度的血清白蛋白，并拥有烯醇酶活性，能将二氢睾酮由酮式转变成烯醇式，但这一活性在恶性肿瘤细胞中很低，这是由于血清白蛋白在恶性肿瘤细胞中含量少，并形成多聚体或与其他蛋白质结合。结合血清白蛋白在细胞内的浓度及其烯醇酶活性为诱导恶性肿瘤向良性分化提供了可能性[31]。

(5) 酶抑制剂活性 Ogawa 等发现，响尾蛇的血清白蛋白具有磷脂酶 A_2 抑制剂的活性[26]。

(6) 自由基清除 在生理状态下，血清白蛋白在体内具有有效的抗氧化能力，这种特性主要是血清白蛋白氨基酸序列的 Cys34 提供的。它是活性氧和氮的清除剂，尤其是对超氧化物、巯基离子及过氧化亚硝酸盐。Cu^{2+} 能促进产生这些自由基，血清白蛋白通过结合 Cu^{2+} 来抑制自由基的产生[32]。

(7) 抗凝作用 血清白蛋白具有肝磷脂的活性。肝磷脂具有带负电荷的硫酸基团，能与抗凝血酶Ⅲ的正电基团结合，发挥其抗凝作用，因而血清白蛋白也具有大量负电荷[33]。目前，对血清白蛋白的抗凝作用机制还不明确，有待于进一步研究。

(8) 其他功能 血清白蛋白还能提供合成另一种蛋白质所需的比例合适的各种氨基酸，具有较高的营养价值。此外，它还具有维持微管系统的完整性，影响微管渗透性等功能[34]。

1.3　维系和稳定蛋白质的作用力

　　稳定蛋白质三维结构的作用力有氢键、范德华力、疏水作用、盐键以及二硫键（表1-1）。此外，个别蛋白质内还存在配位键。

表1-1　蛋白质中几种键的键能

键名	键能（kJ·mol^{-1}）
氢键	13～30
范德华力	4～8
疏水作用	12～20
盐键	12～30
二硫键	210

1.3.1　氢键

　　氢键是由氢原子和强电负性原子之间结合形成的弱键。虽然氢键本身作用力很弱，但是由于蛋白质中氢键数量极为庞大，因此，它在稳定蛋白质结构中具有极为重要的作用。大部分蛋白质折叠的特点是主链肽基之间形成最大数量的分子内氢键，这正是氢键数量巨大的原因。

1.3.2　范德华力

　　广义的范德华力包括定向效应、诱导效应和分散效应。定向效应一般产生于极性分子或极性基团之间；诱导效应一般发生于极性物质与非极性物质之间；分散效应产生于非极性分子或基团之间，是通常起主要作用的范德华力。它是非极性分子（基团）之间唯一的范德华力，也就是所谓的狭义范德华力。

　　范德华力包括引力与斥力。引力只有当两个非键合原子处于接触距离或范德华距离（两个原子的范德华半径之和）时才能达到最大。某些重要原子的范德华半径及共价键半径见表 1-2。就单个来说，范德华力是很弱的，但其作用数量大并且有加和效应和位相效应。因此，它也是主要作用力。

表 1-2　重要原子的范德华半径及共价键

原子	范德华半径（nm）	共价键半径（nm）
H	0.12	0.030
C	0.20	0.077
N	0.15	0.070
O	0.14	0.066
S	0.18	0.104
P	0.19	0.110

1.3.3　疏水作用

组成蛋白质的 20 种氨基酸分别带有不同极性的侧链基团。在极性溶剂中，蛋白质中的疏水基团总是避开极性溶剂而聚集在一起形成一种作用力，这种现象被称为疏水作用。疏水作用对维持蛋白质特定空间构象具有突出意义。药物与蛋白质相互作用，蛋白质构象的变化仅仅涉及次级键的断裂和生成。

疏水作用在生理温度范围内与温度呈正相关（$\Delta G^0 = \Delta H^0 - T\Delta S^0$ 中，T 升高与熵增加具有相同效果），但是超过一定温度（50～60℃，因测量而定），又趋减弱，这是因为此时疏水基团周围的水分子有序程度降低（ΔS 正值减少），因而有利于疏水基团进入[23]。

1.3.4　静电作用

静电作用，又称离子键、盐键。组成蛋白质的氨基酸解离后的侧链基团有的带正电荷，有的带负电荷，正电荷和负电荷之间可形成静电作用[35]。一般静电引力键能在 41.8~83.7 kJ·mol⁻¹之间。静电引力大小可以通过以下公式求得：

$$F = \frac{Q_1 Q_2}{\varepsilon R^2} \tag{1-1}$$

式（1-1）中，F 表示吸引力，Q_1、Q_2 分别代表两个不同电荷，ε 表示周围介质的介电常数。

1.3.5 二硫键

二硫键一般出现在多肽链的 β-转角附近。二硫键不影响多肽链的折叠，它的主要功能是稳定蛋白质的三维构象。一般情况下，二硫键被破坏后，蛋白活性中心构象发生改变，引起蛋白活性的降低或彻底丧失；但是也存在二硫键遭到破坏后不影响它的活性中心构象和生理活性的情况。

1.3.6 配位键

配位键又叫共价键，是化学键的一种。它是金属离子与蛋白质结合的主要作用力。其本质是原子轨道重叠后，高概率地出现在两个原子核之间的电子与两个原子核之间的电性作用。需要指出：氢键虽然存在轨道重叠，但通常不算作共价键，而属于分子间力[35]。

1.4 农药与蛋白质相互作用的重要意义

农药在使用后，部分会进入人和动物体内，从而对人和动物产生毒害。农药进入人和动物体内首先会不同程度与载体蛋白结合，而血清白蛋白是最主要的载体蛋白。与载体蛋白结合的部分成为结合型药物；还有一部分药物没有与载体蛋白结合，这部分被称为游离型药物。药物进入体内后产生效应的强度与持续的时间取决于抵达作用靶位并在受体周围维持有效浓度的活性药物分子数量[36]。众所周知，游离型药物才是真正直接作用靶位，发挥药效、药理、毒理效应的有效部分；结合型药物相对分子质量变大不易透膜，不能抵达作用靶位，暂时失效，这样就被"存储"在血液中；随着药效的发挥，游离型药物浓度降低，那些暂时失效的结合型药物开始重新转化为游离型药物，药效重新发挥（它们的关系如图1-1所示）[37-39]。因此，结合型药物与游离型药物处于动态平衡。

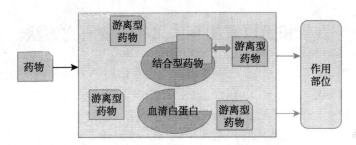

图1-1　药物与血清白蛋白相互作用模式

　　药物与血清白蛋白的结合能力是表现临床药理作用强度，作为安排药物剂量的最佳指标。因此，确定药物与血清白蛋白的结合能力和类型等信息，对药物的药效学、药代动力学、药理学以及毒理学具有重要意义[5-6]。

　　当前，由于技术因素，要直接测定药物在体内活性部位的浓度以及与血浆蛋白结合信息是非常困难的。因此，研究药物与血浆蛋白的结合往往都在体外进行[37]。其中，光谱学方法是比较常用、方便、精确的方法。

1.5　金属离子对药物与蛋白质结合的影响

　　血液中有许多金属离子作为人体的微量元素可以直接作用酶的活性中心，对正常的生理代谢起着极为重要的作用。它们的存在直接影响血清白蛋白与外源药物的结合。因此，研究小分子药物-金属离子-血清白蛋白三元体系相互作用对理解药物在体内真实信息具有重要意义。

　　通常，金属离子在体内对药物与血清白蛋白的结合影响分为两种：促进作用和抑制作用。金属离子降低药物与血清白蛋白结合能力的作用机制：一是金属离子与药物发生竞争结合血清白蛋白；二是金属离子与药物优先结合，形成的复合物与蛋白质结合能力降低，从而降低了药物与蛋白质的结合能力[40-43]。

1.6 农药和蛋白质相互作用的主要研究方法

当前，农药小分子物质与蛋白质相互作用的主要研究方法有：光谱法（紫外-可见吸收光谱、荧光光谱、圆二色谱、红外光谱、激光拉曼光谱）、平衡透析法、液相色谱法、电化学方法、X-晶体衍射、质谱、核磁共振、毛细管电泳。随着计算机技术的不断进步，还出现了分子模拟方法。此外，表面等离子共振（surface plasmon resonance，SPR）、等温滴定微量热仪（isothermal titration calorimetry，ITC）方法也开始应用。每一种研究方法都有自身的局限性，因此，尽可能结合多种研究方法，能够使研究结论更客观、更准确。

1.6.1 紫外-可见吸收光谱

紫外-可见吸收光谱是最基础的光谱学方法。它测量的是样品对光（电磁波）吸收的大小。光照射样品时，产生的入射光强度与出射光强度之差就是样品对光的吸收，这个过程中所形成的光谱就是吸收光谱，即紫外-可见吸收光谱。因此，紫外-可见吸收光谱又属于电子光谱。样品的紫外-可见吸收是高度专一性的，即一定结构的分子只能吸收一定的能量，据此就可以研究样品的结构特点及特性。

（1）氨基酸和蛋白质的吸收特性 除含硫氨基酸外，只有芳香族氨基酸（色氨酸、酪氨酸和苯丙氨酸）在 230～310 nm 之间有吸收。

蛋白质能产生紫外-可见吸收光谱的基础是蛋白质分子内含有能吸收紫外区特定波长光的紫外生色团，具体如表 1-3 所示。

表 1 - 3　蛋白质中各种生色团的紫外吸收特征

生色基团	所属残基	吸收波长（nm）	$\lg A_{max}$
C=C		175	3.8
		200	3
OH	Ser，Thr，Water	150	3.2
		183	2.2
NH	Lys，Arg，N-末端	173	3.4
		213	2.8
SH	CySH	195	3.3
S^-	CyS^-	235	3.5
C-S-C	Met	205	3.3
-S-S-	Cystine	210	3
		250	2.5
C=O		185	3
		260	1.3
COOH	Asp，Glu，C-末端	175	3.4
		205	1.6
COO^-	Asp，Glu，C-末端	200	2
CONH	Asp，Glu，肽键	162	3.8
		188	3.9
		225	2.6
苯基	Phe	188	4.8
		206	2.9
		261	2.35
吲哚	Trp	195	4.3
		220	4.53
		280	3.7

对蛋白质紫外-可见吸收光谱而言：在 180～230 nm 之间，主

要反映肽键信息；低于 210 nm 波长时，吸收主要来自多肽主链；在 190 nm 处的吸收强度约为芳香族氨基酸的 100 倍；在 210～250 nm 之间，反映芳香族氨基酸和含硫氨基酸信息；大于 250 nm 时，主要反映芳香族氨基酸信息。

(2) 研究小分子与蛋白质相互作用　紫外-可见光谱可以定性研究小分子对蛋白质二级结构的影响。众所周知，吸收波长为 190～230 nm 的紫外光谱反映蛋白质主链信息；280 nm 左右的紫外光谱反映芳香族氨基酸残基信息[44]。当小分子与蛋白质结合，若结合前后吸收光谱在 190～230 nm 处谱图改变，则可以证明肽链发生变化；若是 280 nm 处谱图发生蓝移或红移，则说明芳香族氨基酸残基微环境极性变大或变小。

蛋白质荧光猝灭分为静态猝灭和动态猝灭两种：发生动态猝灭时，吸收光谱无变化；发生静态猝灭时，吸收光谱改变。据此，可以确定小分子配体引发蛋白质荧光猝灭的作用机制[45]，甚至可以使用紫外-可见吸收光度法研究小分子物质与蛋白质相互作用的结合常数和结合位点数[46]。

1.6.2　荧光光谱法

荧光光谱技术是当前研究小分子物质和蛋白质相互作用时使用最为广泛的方法。荧光灵敏度很高（通常比紫外-可见吸收光谱高出两个数量级），并且荧光寿命（一般为 10^{-8} s）比紫外吸收时间（10^{-15} s）长，因此使用荧光光谱可以检测到紫外光谱无法检测到的信息。使用荧光光谱，可以计算结合常数和结合位点数，确定结合位置和作用力类型，还可以判断蛋白质生色团微环境极性是否改变[47]。

除了个别包含黄素腺嘌呤二核苷酸（FAD）外，其余发荧光的蛋白质分子均是因为含有色氨酸、酪氨酸和苯丙氨酸残基。它们最大荧光强度的波长分别为 348 nm、303 nm 和 282 nm[48]。

因为苯丙氨酸的量子产率过低，酪氨酸极易被电离或猝灭[49]。所以，通常用色氨酸的荧光信息研究小分子物质与蛋白质相互作用。已有大量研究证明，以 280 nm 为激发波长时，蛋白质的全部荧光来自色氨酸与酪氨酸，但主要来自色氨酸，因此，通常用 280 nm 作为激发波长研究小分子物质与蛋白质相互作用；以 295 nm 作为激发波长时，蛋白质的荧光全部来自色氨酸，但此时蛋白质的荧光强度相对较弱[50]。

目前，研究小分子物质结合蛋白质的荧光光谱法通常有常规荧光光谱法、同步荧光光谱法、三维荧光光谱法等多种方法。

(1) 常规荧光光谱法 所谓常规荧光光谱法是通过小分子物质与蛋白质相互作用引起荧光猝灭、荧光敏化来研究小分子或蛋白质内源荧光光谱[51]。其中，荧光猝灭法最为常见。

荧光猝灭机制分为静态猝灭和动态猝灭。静态猝灭形成原因是处于基态的荧光分子与猝灭剂生成了不发荧光的复合物。因此，静态猝灭的荧光分子的荧光谱发生变化。动态猝灭是由处于激发态的荧光分子与猝灭剂碰撞接触产生的，碰撞接触后荧光分子又返回基态。因此，动态猝灭的荧光分子的荧光光谱不变。无论是静态猝灭还是动态猝灭，均可以通过式（1 - 2）来研究[52-53]。

$$F_0/F = 1 + K_{SV}[Q] = 1 + k_q\tau_0[Q] \qquad (1 - 2)$$

式中，F_0 代表没有荧光猝灭剂时荧光分子的荧光强度，F 代表加入荧光猝灭剂后的荧光分子，$[Q]$ 为猝灭剂浓度，k_q 为猝灭速率常数，τ_0 为没有猝灭剂时的荧光分子平均寿命（大部分生物大分子的平均荧光寿命为 10^{-8} s），K_{SV} 为 Stem - Volmer 猝灭常数。以对猝灭剂浓度 $[Q]$ 作图，得到一条斜率为 K_{SV}、纵轴截距为 1 的直线。对静态猝灭来说，反应的猝灭常数就是反应的结合常数[54]。

静态猝灭与动态猝灭的区分[55]：

①当发生动态猝灭时，荧光物质的紫外-可见吸收光谱不变；而发生静态猝灭时，荧光物质的紫外-可见吸收光谱发生变化。

②由于动态猝灭依赖于扩散，因此动态猝灭常数随着温度升高而增大，而静态猝灭正好相反。

③当发生动态猝灭时，荧光分子的激发态存在时间变短；而静

态猝灭时，荧光分子激发态的存在时间一般不变。

（2）同步荧光光谱法　同步荧光光谱法是一种可以判断蛋白质中 Trp 残基和 Tyr 残基附近微环境变化的方法，其具有使光谱简化和减小光谱重叠等特点。通常所说的同步荧光是指恒波长同步荧光，它的具体操作：首先确定激发波长和发射波长的间距 $\Delta\lambda$，然后同步扫描，从而得到相应氨基酸残基的荧光光谱。研究表明，当 $\Delta\lambda=15$ nm 时，扫描所得的荧光光谱仅反映酪氨酸残基的信息；当 $\Delta\lambda=60$ nm 时，扫描所得的荧光光谱仅反映色氨酸残基的信息[56]。

使用同步荧光法可以研究小分子对蛋白质构象的影响，具体讲就是研究小分子对蛋白质中色氨酸和酪氨酸残基微环境极性的影响。当 $\Delta\lambda=15$ nm 时，如果小分子结合的蛋白质的同步荧光光谱红移则说明酪氨酸残基微环境极性减小，如果蓝移则说明酪氨酸残基微环境极性增大，若没变化说明没产生明显影响；同理，在 $\Delta\lambda=60$ nm 时，也可以判断小分子对色氨酸残基微环境极性的影响。

（3）三维荧光光谱法　三维荧光光谱数据可以看作是以发射波长、激发波长和荧光强度值分别作为 X、Y 和 Z 轴组成的矩阵，可以直观且全面地显示出荧光强度及构象变化信息，应用十分广泛[57]。三维荧光所得信息比常规荧光信息多，能够比较直观地反映色氨酸残基的微小变化，是研究蛋白质构象的新方法。

（4）其他方法　除上述方法，荧光探针法、荧光偏振技术也被应用于蛋白质与小分子相互作用的研究中。

（5）荧光内滤效应　在荧光操作中，样品荧光强度的观测值会因样品在激发波长和发射波长处的吸收而降低，这种荧光观测值小于实际值的现象就是荧光内滤效应。荧光内滤效应产生的原因有两个：一是样品池内前面样品发射的荧光被后面的样品吸收；二是溶液中不同程度存在着杂质，这些杂质吸收部分入射光。为了避免重新吸收和内滤效应，荧光强度根据下面的方程进行校正[58,59]：

$$F_{cor} = F_{obs}\exp[A_{ex} + A_{em}/2] \tag{1-3}$$

式（1-3）中，F_{cor} 和 F_{obs} 分别表示校正后和观测的荧光强度值，A_{ex} 和 A_{em} 分别表示待测样品在激发波长和发射波长处的吸光值。

1.6.3　圆二色谱法

蛋白质的一个重要特征是具有特定构象，它是蛋白质生理功能的结构基础。因此，研究蛋白质构象有助于真正认识蛋白质的生理功能。X-晶体衍射是研究蛋白质构象最精准的方法，但它所必需的晶体结构对于许多蛋白质是很难获取的；核磁共振技术只能研究小分子蛋白质；当前，对于澄清溶液中蛋白质构象，圆二色谱是应用最广的技术，它的特点是便捷、精准。

研究小分子与蛋白质相互作用通常有两种模式的圆二色谱：内源性圆二色谱法与外源性圆二色谱法。当前，通常使用内源性圆二色谱。分析内源性 CD 光谱通常测量蛋白质的 208 nm 与 220 nm 处 CD 谱的变化，它的大小一般用平均残基摩尔椭圆率（MRE）来表示，可以通过下面的公式计算[60]：

$$MRE = \mathrm{ObservedCD(mdeg)}/(10C_p nl) \qquad (1-4)$$

式（1-4）中，n 是氨基酸残基数目，l 是杯子的路径长度，C_P 是摩尔浓度。根据以下公式，通过计算 208nm 处的 MRE 值可以得到螺旋的含量[61]：

$$a\text{-}\mathrm{Helix}(\%) = [(-MRE_{208}-4\,000)\times100]/(33\,000-4\,000)$$
$$(1-5)$$

式（1-5）中，MRE_{208} 是在 208 nm 处观察到的 MRE 值；4 000 是 208 nm 处无规卷曲的 MRE 值；33 000 是 208 nm 处单纯 a-螺旋的 MRE 值。

对比纯 a-螺旋、β-折叠或无规卷曲结构的标准 CD 谱，依据大量实验得到结论：

（1）190～240 nm 紫外波段的 CD 光谱反映蛋白质主链信息，主要生色团为肽链。

（2）240～300 nm 近紫外波段的 CD 光谱反映局部侧链信息，

主要生色团为芳香族氨基酸侧链。

（3）300 nm 以上波段的 CD 光谱反映金属离子氧化态，配体与链结合的信息及小分子物质和生物大分子的配位作用信息。

（4）α-螺旋构象的 CD 谱特征：在 208～210 nm 和 222 nm 处为负峰，在 191～193 nm 处为正峰；β-折叠构象的椭圆率不恒定，一般在 210～225 nm 处有单一负峰，在 190～200 nm 处有较大的正峰；无规卷曲构象的 CD 谱特征：约 198 nm 处为负峰，约 220 nm 处为矮而宽的峰。

1.6.4 傅里叶变换红外光谱

傅里叶变换红外光谱（FTIR）由分子振动能级跃迁产生，广义上是指波长在 20～12 820 cm^{-1} 波段范围内的吸收光谱，狭义上指的是波长在 400～4 000 cm^{-1} 范围内的光谱。红外光谱最突出的特点是应用广泛，对样品的状态和浓度要求很低。特别是衰减全反射附件的应用，进一步促进了红外光谱的应用。但红外光谱的缺点也比较突出，测量数据容易受到周围环境因素的干扰，而且数据处理和分析会带有一定主观性。

表 1-4 酰胺基团的特征振动

吸收带	近似波数（cm^{-1}）	振动模式
酰胺 A	3 300	N-H 伸缩振动
酰胺 B	3 100	酰胺 II 带的一次泛频，费米共振
酰胺 I	1 660	C=O 伸缩共振
酰胺 II	1 570	N-H 面内弯曲共振和 C-N 伸缩共振
酰胺 III	1 300	C-N 伸缩共振和 N-H 面内弯曲共振
酰胺 IV	630	O=C-N 面内弯曲共振
酰胺 V	730	N-H 面外弯曲共振
酰胺 VI	600	C=O 面外弯曲共振

蛋白质在红外区域存在 8 个特征振动模式和基团频率

（表 1 - 4）[62]，反映蛋白质二级结构信息的谱带为酰胺Ⅰ（1 600～1 700 cm^{-1}）、酰胺Ⅱ（1 500～1 600 cm^{-1}）、酰胺Ⅲ（1 225～1 325 cm^{-1}），其中酰胺Ⅰ最为常用。酰胺Ⅰ带谱峰的归属：1 660～1 695 cm^{-1}为 β - 转角，1 650～1 658 cm^{-1}为 α - 螺旋，1 640～1 650 cm^{-1}为无规卷曲，1 610～1 640 cm^{-1}为 β - 折叠[63]。尽管酰胺Ⅲ信号最弱，但水在该吸收带没有吸收峰，因此酰胺Ⅲ分析蛋白质二级结构可以有效地避免水的影响。由于红外光谱的振动吸收峰常常相互重叠形成宽峰，因此，红外光谱分析一般需要通过去卷积、二阶求导和曲线拟合等数学手段处理。

1.6.5 分子对接

随着生物学方法获得蛋白质种类的急剧增加，加之蛋白质结构解析方法耗时较长、实验条件控制困难，造成了大部分蛋白质的结构数据缺乏，进而严重影响相关实验研究的进程。计算机分子模拟技术的快速发展为解决这些难题提供了有效途径。分子模拟技术对大分子的结构分析帮助很大，用于预测分子结构和分子间相互作用，大大节约了传统生物学方法的尝试时间。分子模拟技术应用广泛，可对多肽、蛋白质、碳水化合物及核酸分子的稳定构象及动力学行为进行精确优化。结合量子力学的研究方法还可以获得生物分子的电势等信息，并附带可视化软件工作平台，这样更加直观。

分子对接是指两个分子形成稳定复合物时预测其优化构象的方法。分子对接依赖于 Fisher 在 19 世纪提出受体理论，即"锁和钥匙"模型，它的理论基础是分子力学、分子动力学与量子力学。应用分子力学可以研究分子三维结构的稳定性，量子力学可以获得分子的电子性质。分子对接关注的是计算模拟分子识别过程并致力于获得这样一个优化的构象——构象中蛋白质和配体相对位置有最低的结合自由能。

分子对接根据受体配体简化分为刚性、半柔性和柔性三种对接。刚性对接指在对接计算时不考虑受体和配体的构象变化情况；

而半柔性对接相对于刚性对接增加了配体构象改变的计算，有时也涉及受体结合区域的构象变化；而柔性对接更加真实，配体和受体分子都允许构象的变化。以上的三种方法中，刚性对接最为简化，适用于生物大分子之间的对接，其对接原理简单，计算粗糙；半柔性对接的方法考虑到了配体分子的柔性，允许配体构象发生改变，可用于大分子与小分子、酶与小分子底物的对接。由于考虑到了小分子的构象变化，而计算量又相对较小，可以在药物设计中发挥模拟筛选的重要作用；柔性对接是三种方法中最为精确的，其考虑到分子在真实环境中的构象改变，用于精确地模拟分子之间的相互作用，但是由于柔性基团数量大大增加，其运算量也随之增加，导致计算耗时较长。在实际的分子对接模拟过程中常常复合应用多种的方法进行计算，希望保证计算高效的同时缩短计算时间，快速获得准确的对接结果。

早期的分子对接方法主要是基于量子化学和分子动力学理论计算小分子与小分子的识别以及相互作用。但是由于计算机计算能力的限制，模拟大分子之间的作用是很难实现的。

计算化学软件 Affinity 由 Accelrys 公司于 1995 年开发并问世，随之而来的分子对接免费软件层出不穷，如 DOCK、AutoDock、FlexX 等。DOCK 是 19 世纪 80 年代由 Kuntz 小组开发的第一款对接程序。DOCK 应用遗传算法小分子的结合模式进行预测。DOCK 使用半柔性对接技术，它的基本步骤：首先确定小分子的键长与键角；然后将配体小分子拆成若干个刚性片段；最后，依据受体表面的几何性质，将配体小分子的刚性片段重新组合，进行构象搜索。在能量计算方面，DOCK 考虑了静电作用、范德华力等非键相互作用，在进行构象搜索的过程中搜索体系势能面。最终软件以能量评分和原子接触罚分之和作为对接结果的评价依据[64]。

AutoDock 是由 Scripps 学院 Olson 实验组开发的分子对接软件，其采用了半柔性的对接方法，允许小分子的构象改变，用结合自由能来评估结果。为了计算高效，AutoDock 采用了格点对接的方式，这与 DOCK 中的对接方式不同。AutoDock 中格点上保存的是探针原子与受体的相互作用能。

1.7　农药与蛋白质相互作用研究的主要指标

目前，研究农药小分子与蛋白质相互作用可以获得它们的结合常数、结合位点数、结合位置、作用力类型、结合过程中热力学参数以及小分子对蛋白质构象的影响等结合信息[65]。

1.7.1　结合常数和结合位点数的确定

(1) 经典的 Stern - Volmer 方程 ［见式（1-2）］

式（1-2）是应用最广泛，同时适用于静态和动态两种猝灭机制。以 F_0/F 对 $[Q]$ 作图所得直线的斜率就是猝灭常数[52-53]。

(2) 修正的 Stern - Volmer 方程　为了去除或降低荧光实验中其他光对测量值的影响，可以修正 Stern - Volmer 方程。

$$\frac{F_0}{\Delta F} = \frac{F_0}{F_0 - F} = \frac{1}{f_a K_a}\frac{1}{[Q]} + \frac{1}{f_a} \qquad (1-6)$$

式（1-6）中，F_0 和 F 分别是没有和存在猝灭剂时的蛋白荧光强度；ΔF 是 F_0 和 F 之间的荧光强度差；K_a 是荧光基团的有效猝灭常数，其与猝灭剂-受体体系的相关结合常数相似；$[Q]$ 是猝灭剂的浓度；f_a 是荧光分数[66]。

(3) Lineweaver - Burk 双倒数方程

$$\frac{1}{F_0 - F} = \frac{1}{F_0} + \frac{1}{KF_0[Q]} \qquad (1-7)$$

式（1-7）中，F_0 和 F 分别为蛋白质自身和猝灭剂作用后的荧光强度值，K 为结合常数，$[Q]$ 代表猝灭剂浓度，值得注意的是：这个方程仅适用于只有一个结合位点的作用系统[67]。

(4) 适用于小分子自身有荧光的 Benesi - Hidebrand 方程　当小分子配体自身有荧光，它和蛋白质结合作用后，其荧光强度值常常变大，Bhattacharya[68] 等修正为如下公式：

$$\frac{1}{\Delta F} = \frac{1}{\Delta F_{\max}} + \left(\frac{1}{F[L]}\right)\left(\frac{1}{\Delta F_{\max}}\right) \qquad (1-8)$$

式（1-8）中，$\Delta F = F_x - F_0$，$\Delta F_{\max} = F_\infty - F_0$ 为小分子配体的荧光强度，F_x 为小分子和蛋白质结合后其荧光强度值，F_∞ 为小分子配体与蛋白质结合达到饱和时的荧光强度，K 代表结合常数，$[L]$ 代表蛋白质浓度。公式可变换为式（1-9）：

$$\frac{F_\infty - F_0}{F_x - F_0} = 1 + \frac{1}{K[L]} \qquad (1-9)$$

$F_\infty - F_0 / F_x - F_0$ 对 $[L]$ 作图，得到一条截距为 1 的直线，通过直线斜率计算 K 值。

(5) 适用于多结合位点的方程　针对多结合位点的情况，张勇等提出了可以同时计算结合常数和结合位点数的公式[69]：

$$\lg \frac{F_0 - F}{F} = \lg K + n \lg[Q] \qquad (1-10)$$

值得注意的是，式（1-10）通常计算静态猝灭时相对准确。

为了消除复合物荧光的干扰可以应用方程[70]：

$$\lg[(F_0 - F)/F] = n\lg k - n\lg\{1/[[Q_t] - (F_0 - F)[P_t]/F_0]\} \qquad (1-11)$$

式（1-11）中，F_0 和 F 分别为蛋白质自身和猝灭剂作用后的荧光强度，Q_t 表示猝灭剂的总浓度。以 $\lg[(F_0 - F)/F]$ 对 $\lg\{1/[[Q_t] - (F_0 - F)[P_t]/F_0]\}$ 作图得到一条直线，斜率可以求得结合位点数 n。

1.7.2　小分子与蛋白质结合位置的确定

(1) 通过荧光共振能量转移获得药物结合位置与色氨酸的距离　荧光共振能量转移（FRET）是一种不同电子激发态的分子间发生的距离依赖性的相互作用。在这个相互作用中，激发能通过直接静电相互作用由供体分子转移到受体分子上，并且供体分子没有光子发射。FRET 发生必须具备如下条件：供体分子能产生荧光；供体的荧光发射光谱与受体的吸收光谱必须能够重叠；供体与受体之间的距离小于 8 nm[71]。

根据 Förster 的非放射共振能量转移理论[72]，能量转移效率 E 不仅与药物受体和蛋白质供体之间的距离相关，也与临界能量转移距离（R_0）相关。根据 Förster 的理论，可以根据以下公式计算能量转移效率 E：

$$E = 1 - F/F_0 = R_0^6/(R_0^6 + r^6) \qquad (1-12)$$

式（1-12）中，r 是受体与供体之间的距离，R_0 是当转移效率为 50% 时的临界距离。R_0 通过以下等式计算得到：

$$R_0^6 = 8.79 \times 10^{-25} K^2 n^{-4} \varphi J \qquad (1-13)$$

式（1-13）中，K^2 是偶极子空间定位因子，n 代表介质的折射指数，φ 是供体的荧光量子产量，J 是供体发射光谱和受体吸收光谱之间的光谱重叠，通过下式得出：

$$J = \frac{\int_0^\infty F(\lambda)\varepsilon(\lambda)\lambda^4 d\lambda}{\int_0^\infty F(\lambda) d\lambda} \qquad (1-14)$$

式（1-14）中，F_λ 是供体分子在波长为时的荧光强度值，$\varepsilon(\lambda)$ 是受体分子在波长为时的摩尔吸收系数。

(2) 通过竞争置换反应确定结合部位 大量研究表明，大多数小分子在 HSA 上的结合部位为 Subdomain ⅡA 和ⅢA，就是 Sudlow 定义的 Site Ⅰ 和 Site Ⅱ。Site Ⅰ 的竞争标记物有：华法林（warfarin）、丹酰胺（dansylamide）、保泰松（phenylbutazone）；Site Ⅱ 的竞争标记物有：布洛芬（ibuprofen）、奈普生（naproxen）、丹肌氨酸（dansylsarcosine）。在 HSA 的 Subdomain ⅡA 中有一个相对较大的疏水区域，许多分子通过疏水作用与该区域结合；许多芳香羧基通过范德华力或氢键结合在 Subdomain ⅡA 上。大量竞争标记实验显示，结合位点是由一些彼此重叠或接近的区域组成，具有一定的柔性。因此，结合位点可与不同的小分子结合[73]。

(3) 使用分子对接技术确定结合部位 近年来，随着计算机水平的快速发展，分子对接在药物设计中发挥着越来越重要的作用，它的特点是快速、形象并且信息丰富。它可以帮助我们获得目前实验技术难以获取的信息，应用前景极为广阔。该技术是通过不断优化药物分子取向和构象，从而找到药物分子与靶标蛋白作用的最佳构象，进而确定药物分子与靶标蛋白之间相互作用力类型、大小、结合距离、结合部位以及相关热力学参数[65]。

1.7.3 热力学分析和结合力类型的确定

在蛋白质不变性的温度范围内（通常 50℃以下），测得不同温度下的结合常数，通过 Van't Hoff 等式求得小分子配体和蛋白质相互作用的热力学参数[74]。

$$\ln K = -\frac{\Delta H^0}{RT} + \frac{\Delta S^0}{R} \qquad (1-15)$$

式（1-15）中，K 为温度 T 时的结合常数，R 为气体常数。以 $\ln K$ 对 $1/T$ 作图，由直线的斜率和截距求得的焓变和熵变。再由公式（1-16）计算结合反应的自由能变：

$$\Delta G^0 = \Delta H^0 - T\Delta S^0 \qquad (1-16)$$

小分子与蛋白质间的作用力主要由氢键、疏水作用、静电作用和范德华力等非共价作用力构成。通过反应的热力学参数的计算可大致确定作用力的类型[75]。Ross 等[76]总结大量实验发现了水相中生物大分子结合小分子的热力学参数同主要作用力之间的关系，具体见表1-5。需要指出的是，因为真实情况更加复杂，小分子和蛋白质之间可能是几种作用力同时存在。

表1-5 热力学参数与作用力类型对应关系

热力学参数	作用力类型
$\Delta S^0 > 0$	可能是疏水作用和静电作用
$\Delta S^0 < 0$	可能是氢键和范德华力
$\Delta H^0 > 0$，$\Delta S^0 > 0$，	典型的疏水作用力
$\Delta H^0 < 0$，$\Delta S^0 < 0$，	氢键和范德华力
$\Delta H^0 \approx 0$ 或较小	多为氢键

1.7.4 小分子对蛋白质构象的影响

小分子和蛋白质结合过程可能影响蛋白质的构象。当前,确定小分子对蛋白质二级结构影响的主要技术有荧光光谱、紫外-可见光谱、圆二色谱、红外光谱以及拉曼光谱等。其中,同步荧光光谱、紫外-可见光谱和圆二色性光谱应用最为广泛。

紫外-可见光谱是定性研究蛋白质构象的一个基本方法,操作简单、快速方便;应用同步荧光法是研究小分子对蛋白质中色氨酸和酪氨酸残基微环境的极性影响的最为有效的方法;对于澄清溶液来说,圆二色谱是定量研究蛋白质二级结构较为理想的方法,它操作简单而且灵敏度高。这三种方法是目前研究小分子对蛋白质构象影响应用最广泛的方法[77-79]。

1.8 药物-载体蛋白结合与其毒性

药物与血浆蛋白的结合往往是药物发挥作用和配置情况的第一步。药物与载体蛋白的结合通常是可逆的,且发生在特定的部位,是药物配置的主要决定因素,它高度影响药物的药代动力学和药效学。血清白蛋白是人体血浆中最丰富的载体蛋白,血清白蛋白(HSA)可以发挥多种生理功能,药物进入人体血液系统后,大部分会首先与 HSA 进行可逆性结合,然后进行存储、转运、药效发挥和毒副作用[80]。药物与载体蛋白质的结合程度可以影响其在组织中分布、体内消除及治疗或毒性作用[81]。

药物与血浆蛋白之间结合情况是探究候选药物药代动力学和药效学特性的关键因素,因为它强烈影响药物分布,并决定药物的游离分数[82]。人们普遍认为,在人体作用部位的未结合(自由)药物水平是优化毒性(有效性)分析的相关指标,特别是在真实动态的体内条件下。而未结合(自由)药物水平取决于血清白蛋白与化合物的结合强弱,药物与血清蛋白的结合在一定程度上可以反映其毒性,这为基于药物-血清白蛋白结合角度预测药物毒性提供了可能。

参考文献

[1] 蔡冬如，李映纯. 农产品中的农药残留及其分发展趋向 [J]. 中国农业信息，2015 (1)：126.

[2] 陈茹花. 正确使用农药　防止药害发生 [J]. 福建农业，2006 (5)：26-27.

[3] 张东学. 农药基础知识及注意事项 [J]. 现代农业科技，2014 (19)：165-167.

[4] Poulin P, Burczynski F J, Haddad S. The Role of Extracellular Binding Proteins in the Cellular Uptake of Drugs: Impact on Quantitative In Vitro - to - In Vivo Extrapolations of Toxicity and Efficacy in Physiologically Based Pharmacokinetic - Pharmacodynamic Research [J]. Journal of Pharmaceutical Sciences, 2016, 105 (2): 497-508.

[5] Ascenzi P, Fanali G, Fasano M, et al. Clinical relevance of drug binding to plasma proteins [J]. Journal of Molecular Structure, 2014, 1077: 4-13.

[6] Yamasaki K, Chuang V T, Maruyama T, et al. Albumin - drug interaction and its clinical implication [J]. Biochimica et Biophysica Acta, 2013, 1830 (12): 5435-5443.

[7] Guizado T R. Analysis of the structure and dynamics of human serum albumin [J]. Journal of Molecular Modeling, 2014, 20 (10): 1-13.

[8] He X M, Carter D C. Atomic Structure and Chemistry of Human Serum Albumin [J]. Nature, 1992, 325: 209-215.

[9] Vennila K N, Elango K P. Understanding the binding of quinoline amines with human serum albumin by spectroscopic and induced fit docking methods [J]. Journal of Biomolecular Structure and Dynamics, 2019, 37 (11): 2753-2765.

[10] Handing K B, Shabalin I G, Szlachta K, et al. Crystal structure of equine serum albumin in complex with cetirizine reveals a novel drugbinding site [J]. Molecular Immunology, 2016, 71: 143-151.

[11] Moeinpour F, Mohseni - Shahri F S, Malaekeh - Nikouei B, et al. Investigation into the interaction of losartan with human serum albumin and glycated human serum albumin by spectroscopic and molecular dynamics sim-

ulation techniques: A comparison study [J]. Chemico - Biological Inter-
actions, 2016, 257: 4 - 13.

[12] Zhang G, Wang L, Pan J. Probing the Binding of the Flavonoid Diosme-
tin to Human Serum Albumin by Multispectroscopic Techniques [J].
Journal of Agricultural and Food Chemistry, 2012, 60 (10):
2721 - 2729.

[13] Ojha B, Das G. The Interaction of 5 - (Alkoxy) naphthalen - 1 - amine
with Bovine Serum Albumin and Its Effect on the Conformation of Protein
[J]. Journal of Physical Chemistry B, 2010, 114 (11): 3979 - 3986.

[14] Ni Y N, Wang S S, Kokot S. Spectrometric study of the interaction be-
tween Alpinetin and bovine serum albumin using chemometrics approaches
[J]. Analytica Chimica Acta, 2010, 663 (2): 139 - 146.

[15] Zhang X, Lin L, Xu Z B, et al. Investigation of the Interaction of Narin-
gin Palmitate with Bovine Serum Albumin: Spectroscopic Analysis and
Molecular Docking [J]. PLoS One, 2013, 8 (3): e59106.

[16] 曾溢滔. 蛋白质和核酸遗传病 [M]. 上海: 上海科学技术出版社, 1981.

[17] Peters T, Sjoholm L, FEBS. 11th Meeting Copenhagen: Volums 50 Col-
loquim B9, Albumin: Structure Biosynthesis, Function [C]. New-
York: PlenumPress, 1977.

[18] Peters T. Serum albumin [J]. Advances in Protein Chemistry, 1985,
37: 161 - 245.

[19] Curry S, Brick P, Franks N P. Fatty acid binding to human serum albu-
min: new insights from crystallographic studies [J]. Biochimica et Bio-
physica Acta, 1999, 1441: 131 - 140.

[20] Majorek K A, Porebski P J, Dayal A, et al. Structural and immunologic
characterization of bovine, horse, and rabbit serum albumins [J]. Mo-
lecular Immunology, 2012, 52: 174 - 182.

[21] Tayeh N, Rungassamy T, Albani J R. Fluorescence spectral resolution of
tryptophan residues in bovine and human serum albumins [J]. Journal of
Pharmaceutical and Biomedical Analysis, 2009, 50 (2): 107 - 116.

[22] Samari F, Hemmateenejad B, Shamsipur M, et al. Affinity of Two Nov-
el Five - Coordinated Anticancer Pt (II) Complexes to Human and Bo-
vine Serum Albumins: A Spectroscopic Approach [J]. Inorganic Chem-

istry, 2012, 51 (6): 3454 - 3464.

[23] Sułkowska A. Interaction of drugs with bovine and human serum albumin [J]. Journal of Molecular Structure, 2002, 614: 227 - 232.

[24] Lerman L S. Structural considerations in the interaction of DNA and acridines [J]. Journal of Molecular Biology, 1961, 3 (1): 18 - 30.

[25] Sun Y T, Zhang H T, Sun Y, et al. Study of interaction between protein and mainactive components in citrus aurantium L. by optical spectroscopy [J]. Journal of Luminescence, 2010, 130 (2): 270 - 279.

[26] 张英霞，张云. 血清白蛋白的功能及应用 [J]. 海南大学学报自然科学版, 2007, 25 (3): 315 - 320.

[27] Peters T Jr. All about albumin: Biochemistry, Genetics, and Medical Applications [M]. San Diego: Academic Press, 1996: 9 - 75.

[28] Margarson M P, Soni N. Serum albumin: touch stone or totem? [J]. Anaesthesia, 1998, 53 (8): 789 - 803.

[29] Agarwal R P, Phillips M, Mcpherson R A, et al. Serum albumin and the metabolism of disulfiram [J]. Biochemical Pharmacology, 1986, 35 (19): 3341 - 3347.

[30] Tsuda Y, Tsuoi T, Watanabe N, et al. Stereoselective binding and degradation of sulbenicillin in the presence of human serum albumin [J]. Chirality, 2001, 13 (5): 236 - 243.

[31] Drmanovic Z, Voyatzi S, Kouretas D, et al. Albumin possesses intrinsic enolase activity tow ards dihydrotestosterone which can differentiate benign from malignant breast tumors [J]. Anticancer research, 1999, 19: 4113 - 4124.

[32] Strubet O, Younes M, Li Y. Protection by albumin against ischaemia - and hypoxia - induced hepatic injury [J]. Pharmacology & Toxicology, 1994, 75: 280 - 284.

[33] Jorgensen K A, Stoffersen E. On the inhibitory effect of album in on platelet aggregation [J]. Thrombosis Research, 1980, 17: 13 - 18.

[34] Pushkareva M A, Turutin D V, Sud'ina G F. Regulation of leukotriene synthesis by arachidonic acid in human polymorphonuclear leukocyte adhesive interactions is dependent on the presence of albumin [J]. Cell Biology International, 2002, 26: 993 - 1002.

[35] 王镜岩，朱圣庚，徐长发. 生物化学［M］. 北京：高等教育出版社，2002.

[36] Lin J H，Lu A Y H. Role of pharmacokinetics and metabolism in drug disco very and development［J］. Pharmacological Reviews，1997，49：403-449.

[37] 郭宾，李川. 药物与血浆蛋白结合的药理学基础及其研究进展［J］. 中国临床药理学与治疗学，2005，10（3）：241-253.

[38] Souich P D，Verges J，Erill S. Plasma protein binding and pharmacological response［J］. Clinical Pharmacokinetics，1993，24：435-440.

[39] 岳天立. 药物与血浆蛋白结合的研究进展（上）［J］. 徐州医学院学报，1979，1：69-75.

[40] 董念. 光谱法研究三种黄酮类药物小分子与牛血清白蛋白的相互作用［D］. 长沙：中南大学化学化工学院，2009.

[41] Zhang Y P，Shi S Y，Liu Y N，et al. Differential effects of Cu（Ⅱ）and Fe（Ⅲ）on the binding of omeprazole and pantoprazole to bovine serum albumin：Toxic effect of metal ions on drugs［J］. Journal of Pharmaceutical and Biomedical Analysis，2011，56（5）：1064-1068.

[42] Zhang Y P，Shi S Y，Sun X R，et al. The effect of Cu^{2+} on interaction between flavonoids with different C-ring substituents and bovine serum albumin：Structure-affinity relationship aspect［J］. Journal of Inorganic Biochemistry，2011，105（12）：1529-1537.

[43] Zhang Y P，Shi S Y，Sun X R，et al. Structure-affinity relationship of bovine serum albumin with dietary flavonoids with different C-ring substituents in the presence of Fe^{3+} ion［J］. Food Research International，2011，44：2861-2867.

[44] Peng X，Sun Y，Qi W，et al. Study of the Interaction Between Coenzyme Q10 and Human Serum Albumin：Spectroscopic Approach［J］. Journal of Solution Chemistry，2014，43（3）：585-607.

[45] 杨美玲，崔东亚，王丽雪，等. 苦参碱与人血清白蛋白和牛血清白蛋白相互作用的光谱学研究［J］. 湖北农业科学，2018，57（11）：96-99，145.

[46] 迟燕华，庄稼，李娜，等. 锌试剂与牛血清白蛋白作用机理的研究［J］. 高等学校化学学报，1999，20：1697-1702.

[47] 徐洪亮. 小分子药物与牛血清白蛋白相互作用研究 [D]. 长春：吉林大学，2013.

[48] 朱经峰. 小分子与生物大分子相互作用研究 [D]. 兰州：兰州大学，2007.

[49] 陶慰孙，李惟，姜涌明，等. 蛋白质分子基础 [M]. 北京：人民教育出版社，1982.

[50] Liu Y, Xie M X, Jiang M, et al. Spectroscopic investigation of the Interaction between human serum albumin and three organic acids [J]. Spectrochim Acta A, 2005, 61: 2245 - 2251.

[51] 胡雪娇，李彦周，熊宇，等. 光谱学方法应用于小分子与牛血清白蛋白相互作用研究进展 [J]. 理化检验-化学分册，2010, 5 (46): 583 - 588.

[52] 李淑娟，李红俊，吕晓东，等. 两种黄酮小分子与人血清白蛋白相互作用的研究 [J]. 广州化工，2020, 48 (19): 40 - 42.

[53] Karami K, Rahimi M, Zakariazadeh M, et al. A novel silver (Ⅰ) complex of α - keto phosphorus ylide: Synthesis, characterization, crystal structure, biomolecular interaction studies, molecular docking and in vitro cytotoxic evaluation [J]. Journal of Molecular Structure, 2019, 1177: 430 - 443.

[54] 陈国珍，黄贤智，郑朱梓，等. 荧光分析法 [M]. 2版. 北京：科学出版社，1990: 122.

[55] 李建晴，朱海斌，卫艳丽. 可可碱与牛血清白蛋白作用光谱特性的研究 [J]. 分析科学学报，2009, 6 (25): 301 - 304.

[56] 裴兰兰，李金贵，李芳. 分子对接技术与光谱法分析薯蓣皂苷和人血清白蛋白的相互作用 [J]. 现代食品科技，2020, 36 (10): 93 - 99.

[57] 侯利杰，李梦媛，申炳俊，等. 分子模拟和光谱法研究华法林与人血清白蛋白的结合机制 [J]. 化学试剂，2021: 43 (2): 185 - 190.

[58] Yan J, Tang B, Wu D, et al. Synthesis and characterization of β - cyclodextrin/fraxinellone inclusion complex and its influence on interaction with human serum albumin [J]. Spectroscopy Letters, 2016, 49 (8): 542 - 550.

[59] Sun Y T, Zhang H T, Sun Y, et al. Study of interaction between protein and mainactive components in citrus aurantium L. by optical spectroscopy [J]. Journal of Luminescence, 2010, 130: 270 - 279.

［60］ Gao H, Lei L D, Liu J Q, et al. The study on the interaction between human serum albumin and a new reagent with antitumour activity by spectrophotometric methods ［J］. Journal of Photochemistry and Photobiology A: Chemistry, 2004, 167: 213－221.

［61］ Sun Q, He J, Yang H, et al. Analysis of binding properties and interaction of thiabendazole and its metabolite with human serum albumin via multiple spectroscopic methods ［J］. Food Chemistry, 2017, 233: 190－196.

［62］ Byler D M, Susi H. Examination of the secondary structure of proteins by deconvolved FTIR spectra ［J］. Biopolymers, 1986, 25 (3): 469－487.

［63］ Jung C. Insight into protein structure and protein－ligand recognition by Fourier transform infrared spectroscopy ［J］. Journal of Molecular Recognition, 2000, 13: 325－351.

［64］ 孔祥禄. 计算机辅助酶耐热性研究及分子设计 ［D］. 广州: 华南理工大学, 2010.

［65］ 吴新虎. 氯氮平和马兜铃酸Ⅰ与人血清白蛋白的相互作用 ［D］. 兰州: 兰州大学, 2011.

［66］ Lehrer S S. Solute perturbation of protein fluorescence. Quenching of the tryptophyl fluorescence of model compoundsand of lysozyme by iodide ion ［J］. Bioehemistry, 1971, 10: 3254－3263.

［67］ Twine S M, Gore M G, Morton P, et al. Mechanism of Binding of warfarin enantiomers to recombinant domains of human albumin ［J］. Archives of Biochemistry and Biophysics, 2003, 414: 83－90.

［68］ Bhattacharya J, Bhattacharya M, Chakraborty A S, et al. Interaction of chlorpromazine with mioglobin and hemoglobin: A comparative Study ［J］. Biochemical Pharmacology, 1994, 47: 2049－2052.

［69］ 曾晓丹, 赵影, 马明硕, 等. 次氯酸根荧光分子探针与人血清白蛋白相互作用的研究 ［J］. 化工技术与开发, 2020, 49 (10): 5－7, 76.

［70］ Marco van de Weert. Fluorescence Quenching to Study Protein－ligand Binding: Common Errors ［J］. Journal of Fluorescence, 2010, 20 (2): 625－629.

［71］ Li D J, Zhu J F, Jin J, et al. Studies on the binding of nevadensin to human serum albumin by molecular spectroscopy and modeling ［J］. Journal of Molecular Structure, 2007, 846: 34－41.

[72] Shahabadi N, Khorshidi A, Moghadam N H. Study on the interaction of the epilepsy drug, zonisamide with human serum albumin (HSA) by spectro-scopic and molecular docking techniques [J]. Spectrochimica Acta Part A: Molecular and Biomolecular Spectroscopy, 2013, 114: 627 - 632.

[73] Maruyama K, Nishigori H, Iwatsuru M. Characterization of benzodiaz-epine binding site (diazepam site) on human serum albumin [J]. Chemi-cal and pharmaceutical bulletin, 1985, 3: 5002 - 5012.

[74] Dong C Y, Xu J, Zhou S S, et al. Spectroscopic and molecular modeling studies on binding of fleroxacin with human serum albumin [J]. Spec-troscopy and Spectral Analysis, 2017, 37 (1): 327 - 332.

[75] Wang C, Li Y. Study on the binding of propiconazole to protein by molec-ular modeling and a multispectroscopic method [J]. Journal of Agricul-tural and Food Chemistry, 2021, 59 (15): 8507 - 8512.

[76] Ross P D, Subramanian S. Thermodynamic of protein association reac-tions: forces contributing to stability [J]. Biochemistry, 1981, 20: 3096 - 3102.

[77] Li D J, Zhu J F, Jin J. Spectrophotometric studies on the interaction be-tween nevadensin and lysozyme [J]. Journal of Photochemistry and Pho-tobiology A: Chemistry, 2007, 189: 114 - 120.

[78] Wu X H, Liu J J, Wang Q, et al. Spectroscopic and molecular modeling evidence of clozapine binding to human serum albumin at subdomain II A [J]. Spectrochimica Acta Part A, 2011, 79 (5): 1202 - 1209.

[79] Li D J, Zhu J F, JIN J, et al. Studies on the binding of nevadensin to hu-man serum albumin by molecular spectroscopy and modeling [J]. Journal of Molecular Structure, 2007, 846: 34 - 41.

[80] 申炳俊, 柳婷婷. 光谱法和分子对接技术研究胡桃醌与人血清白蛋白的相互作用 [J]. 分析化学, 2020, 48 (10): 1383 - 1391.

[81] Ma X, Yan J, Wang Q, et al. Spectroscopy study and co - administration effect on the interaction of mycophenolic acid and human serum albumin [J]. International Journal of Biological Macromolecules, 2015, 77: 280 - 286.

[82] Hu Y J, Liu Y, Xiao X H. Investigation of the Interaction between Ber-berine and Human Serum Albumin [J]. Biomacromolecules, 2009, 10: 517 - 521.

第 2 章　氨基甲酸酯类农药与 HSA 相互作用研究

2.1　氨基甲酸酯类农药概述

　　氨基甲酸酯类农药包含杀虫剂、除草剂和杀螨剂，广泛应用于蔬菜、水果和粮食等农作物病、虫、草害的防治，具有选择性强、高效、广谱和残留较少等优点[1]。这类农药能有效防治鳞翅目、半翅目和螨类等多种农业害虫，为保障作物安全做出了重要贡献。氨基甲酸酯类农药是基于天然毒扁豆碱结构发展起来的一类氨基甲酸 [HOC (O) NH_2] 衍生物，其结构通式如图 2-1 所示，其中 X 可以是氧或硫，R_1 和 R_2 通常是有机取代基或烷基取代基，也可以是氢，而 R_3 主要是有机取代基或金属[2]。这类农药可以分成 N-甲基氨基甲酸酯、N，N-二甲基氨基甲酸酯和氨基甲酸肟酯三大类。这类农药分子结构上的取代基类别及位置对其杀虫活性影响很大[3]。

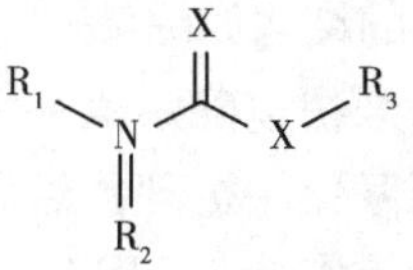

　　氨基甲酸酯类农药主要通过抑制乙酰胆碱酯酶（ACh E）活性来达到杀死农业害虫的效果[4]。ACh E 是人类、脊椎动物和昆虫神经系统行使正常功能的一种关键酶，它通过快速水解神经递质乙酰胆碱（ACh），使神经冲动

图 2-1　氨基甲酸酯类农药结构通式

停止传递。氨基甲酸酯类农药与 ACh E 活性位点的丝氨酸残基形成共价键，导致 ACh E 受到抑制或失去活性。因此，ACh E 能在胆碱神经末梢堆积并产生拟胆碱作用，使正常的神经转导受到抑制，从而对整个生理生化过程造成破坏，最终导致昆虫的死亡[5]。农药在防治害虫的同时还会残留在蔬菜、水果、水源和土壤中。除此之外，这些化合物可以通过摄入，在人体内积聚，从而危害人体健康[6]。人畜等生物的 ACh E 活性位点处都存在丝氨酸残基位点，因而这类农药同样能够抑制人和其他哺乳动物神经中的 ACh E，导致乙酰胆碱的积累和乙酰胆碱受体被过度刺激，神经递质水平和作用时间增加，随后对人或其他非靶标生物产生毒性[7-8]。据报道，氨基甲酸酯类农药可引起严重过敏反应及癌症，影响生殖和内分泌系统[9-10]。因为毒性问题尤其是对哺乳动物毒性问题，很多氨基甲酸酯类农药品种销量有所下降，甚至有些被迫退出农药市场。随着人类环保意识的增加，新型低毒氨基甲酸酯类农药的开发越来越受到重视[11]。

本章结合多种光谱学方法和分子对接技术详细探究了 15 种氨基甲酸酯类农药与 HSA 之间的结合情况。这 15 种氨基甲酸酯类农药分别为：久效威砜（Thiofanox - sulfone）、杀线威（Oxamyl）、久效威亚砜（Thiofanox - sulfoxide）、克百威（Carbofuran）、久效威（Thiofanox）、灭多威（Methomyl）、灭害威（Aminocarb）、猛杀威（Promecarb）、残杀威（Propoxur）、混灭威（Trime-thacarb）、乙硫苯威（Ethiofencarb）、灭除威（XMC）、速灭威（Metolcarb）、异丙威（Isoprocarb）、丁酮砜威（Butoxycarboxim），它们的结构如图 2-2 所示。首先，记录了紫外-可见光（UV - Vis）光谱来快速确定氨基甲酸酯类农药是否能与 HSA 结合，并初步判断相互作用机理。然后，使用普通荧光光谱技术深入阐明了氨基甲酸酯类农药与 HSA 之间结合情况。此外，通过同步荧光、三维荧光和圆二色性光谱法探究氨基甲酸酯类农药对 HSA 构象的影响。最后，通过分子对接技术模拟了相互作用细节。

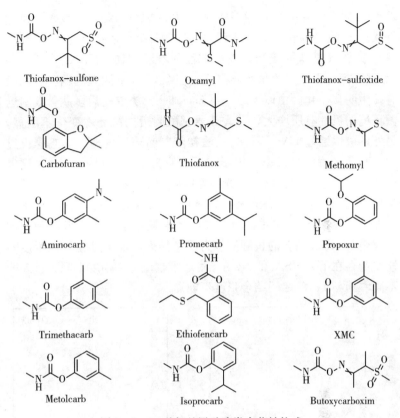

图 2-2　15 种氨基甲酸酯类农药结构式

2.2　氨基甲酸酯类农药对 HSA 紫外-可见光谱的影响

在 310 K 下，记录了 190～500 nm 范围内添加不同种类氨基甲酸酯类农药情况下 HSA 的 UV-Vis 吸收光谱。波长间隔和狭缝的宽度分别设置为 0.5 nm 和 2 nm。体系中 HSA 的浓度固定为 5×10^{-6} mol·L^{-1}，农药的浓度为 $0 \sim 175 \times 10^{-6}$ mol·L^{-1}。如图 2-3 所示，HSA 具有两个特征吸收峰，分别在 212 nm 和 278 nm 左右。

212 nm 附近的强吸收峰能够显示出 HSA 肽骨架结构的吸收,而芳香族氨基酸(Trp、Tyr 和 Phe)在 278 nm 附近产生了弱吸收峰[12]。随着氨基甲酸酯类农药浓度的不断增加,HSA 在 212 nm 附近的 UV-Vis 吸收值逐步降低,但在 278 nm 附近的弱吸收峰没有发生明显变化。由以上结果可知,加入这类农药后多肽骨架附近微环境的极性有所增大,芳香族氨基酸附近的微环境变化不明显。另外,可以通过 UV-Vis 光谱法初步判断猝灭机理。动态猝灭过程只对荧光团的激发态产生影响而不使荧光团的 UV-Vis 光谱发生改变。若形成配合物,荧光团的吸收值将不断改变,所以紫外光谱变化说明发生了静态猝灭[13]。如图 2-3 所示,在不同类别不同浓度农药存在下 HSA 的 UV-Vis 光谱发生了变化,可以确定这类农药与 HSA 结合的机制应该为静态猝灭。很明显在相同浓度不同农药存在下,HSA 在 212 nm 附近吸收值下降幅度不同,这表明不同农药与 HSA 之间结合强度不同。

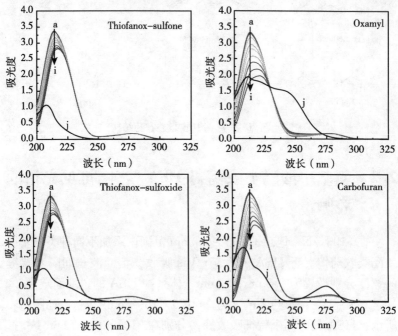

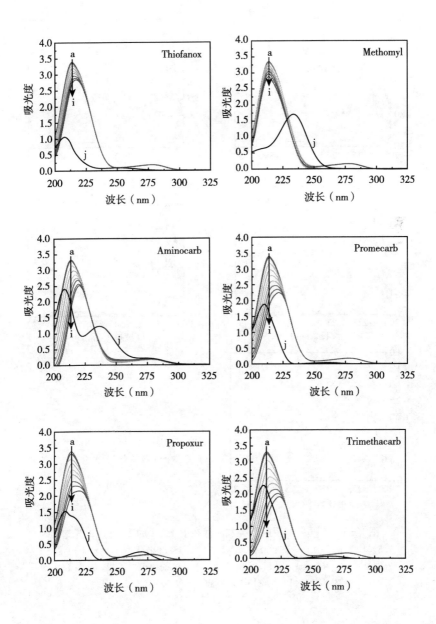

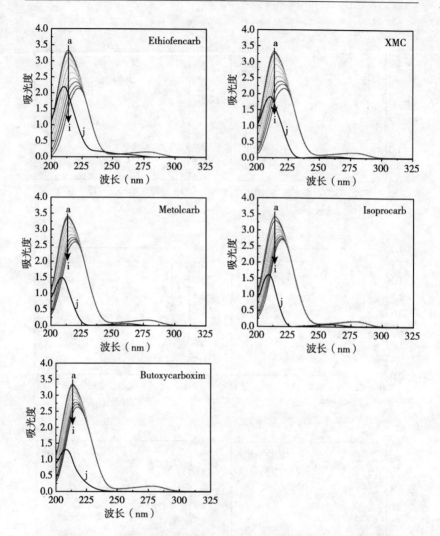

图 2-3　不同氨基甲酸酯类农药存在下 HSA 的 UV-Vis 光谱
a. 5×10^{-6} mol · L^{-1} HSA　b～i. 5×10^{-6} M HSA 中分别加入 5 mol · L^{-1}、
25 mol · L^{-1}、50 mol · L^{-1}、75 mol · L^{-1}、100 mol · L^{-1}、125 mol · L^{-1}、
150 mol · L^{-1}、175×10^{-6} mol · L^{-1}农药　j. 仅 5×10^{-6} mol · L^{-1}农药
注：pH=7.4，$T=310$ K

2.3 氨基甲酸酯类农药对 HSA 普通荧光光谱的影响

分别于 296 K、303 K 和 310 K 下预热 3 min 后，在 300～500 nm 范围内记录存在不同氨基甲酸酯农药情况下 HSA 的发射光谱。设置激发波长为 280 nm，激发波长和发射波长的缝隙宽度均为 15 nm。HSA 浓度固定在 5×10^{-7} mol · L^{-1}，农药浓度不断增加，范围在 $0 \sim 105 \times 10^{-7}$ mol · L^{-1} 之间。荧光信号的内部滤光效应根据以下公式进行校正[14]：

$$F_{cor} = F_{obs} \exp[(A_{ex} + A_{em})/2] \qquad (2-1)$$

式（2-1）中，F_{cor} 和 F_{obs} 分别代表校正后和观察到的信号值；A_{ex} 和 A_{em} 则分别代表农药-HSA 体系在激发波长和发射波长处的吸光度。

芳香族氨基酸（Trp、Tyr 和 Phe）是 HSA 中唯一能够发出荧光的氨基酸残基，HSA 的固有荧光主要归因于 214 位的 Trp 残基[15]。本章分别测定了 296 K、303 K 和 310 K 三个不同温度下氨基甲酸酯类农药对 HSA 荧光信号的影响。310 K（37℃）为人体正常体温，HSA 在 310 K 的 PBS 缓冲液中非常接近人体生理环境，研究模拟人体环境下 HSA 荧光的变化可以真实反映这类农药对人体产生的影响。分别在没有和存在不同浓度农药的情况下，310 K 时的普通荧光光谱如图 2-4 所示，通过不断滴加农药，HSA 的荧光信号值逐渐降低，并伴随着蓝移现象，这表明 HSA 的荧光发生了猝灭。虽然这类农药均使 HSA 荧光猝灭，但对荧光强度的改变程度不同，说明不同种氨基甲酸酯类农药对人体的影响程度存在一定差异。

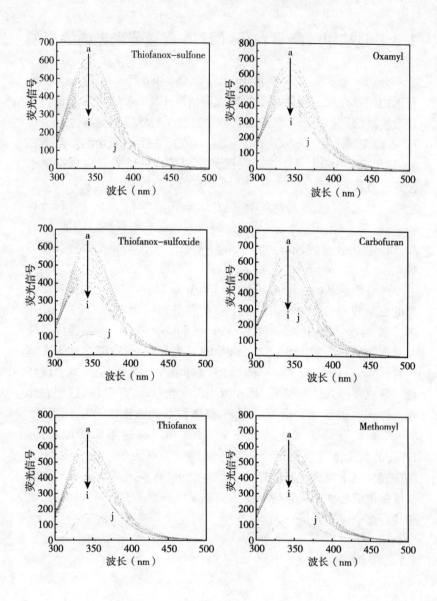

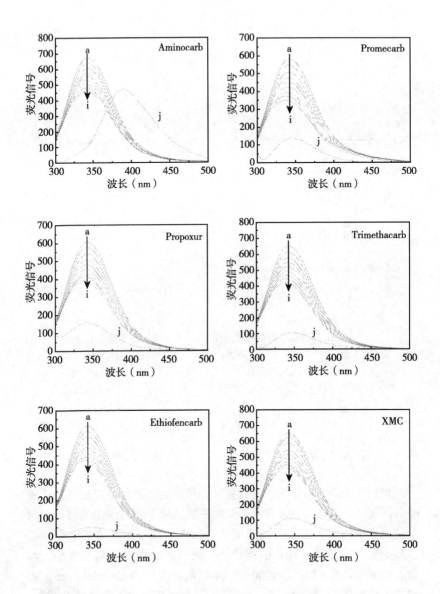

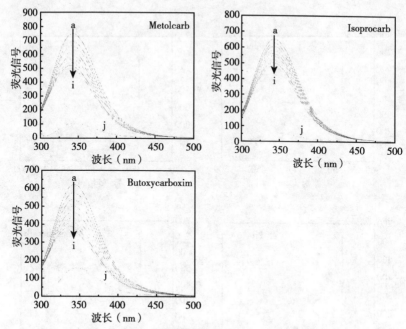

图 2-4　在不同氨基甲酸酯类农药存在下 HSA 的普通荧光光谱

a. 5×10^{-7} mol·L^{-1} HSA　b～i. 5×10^{-7} mol·L^{-1} HSA 分别与 5 mol·L^{-1}、15 mol·L^{-1}、30 mol·L^{-1}、45 mol·L^{-1}、60 mol·L^{-1}、75 mol·L^{-1}、90 mol·L^{-1}、105×10^{-7} mol·L^{-1}农药混合　j. 仅 105×10^{-7} mol·L^{-1}农药

注：pH=7.4，T=310 K

2.4　猝灭机制的判断

　　猝灭机制通常可以根据其对温度和黏度的依赖性分成动态猝灭和静态猝灭[16]。其中，动态猝灭主要由扩散现象引起，发生动态猝灭时荧光配合物的猝灭常数会随温度的升高而增加，而温度的上升可能引起配合物稳定性下降，因此静态猝灭常数随温度升高而减小。本章为阐明农药与 HSA 之间相互作用机制，使用 Stern-Volmer 方程对荧光数据进行了分析，F_0/F 和 $[Q]$ 之间存在以下线性关系[17-18]：

$$F_0/F = 1 + K_{sv}[Q] = 1 + K_q\tau_0[Q] \qquad (2-2)$$

式（2-2）中，F_0 和 F 代表无猝灭剂和有猝灭剂情况下的荧光信号。K_{sv} 是 Stern-Volmer 猝灭常数；K_q 是生物大分子的猝灭速率常数（所有类型猝灭剂对生物蛋白大分子的最大动态猝灭速率常数为 2.0×10^{10} L·mol^{-1}·s^{-1}）。可以根据该值判断作用机制属于静态猝灭或动态猝灭。K_q 大于 2.0×10^{10} L·mol^{-1}·s^{-1} 时属于静态猝灭，反之，属于动态猝灭；τ_0 是没有猝灭剂存在下生物分子的平均寿命（约 10^{-8} s）；$[Q]$ 是农药的浓度。

农药-HSA 体系的 Stern-Volmer 曲线图如图 2-5 所示，根据斜率和截距计算的 K_{sv} 和 K_q 数值列在表 2-1 中。可以看出所有农药在三个温度下的 K_q 数值均大于 2.0×10^{10} L·mol^{-1}·s^{-1}，这表明其作用机制符合静态猝灭[19]。另一方面，计算得出的 K_{sv} 值随着温度的上升而增加，表明氨基甲酸类农约对 HSA 的猝灭也存在动态。因此，氨基甲酸酯类农药与 HSA 的结合机制是一种动态和

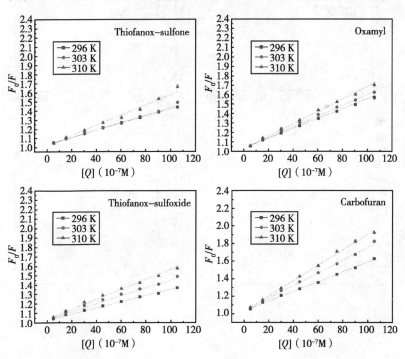

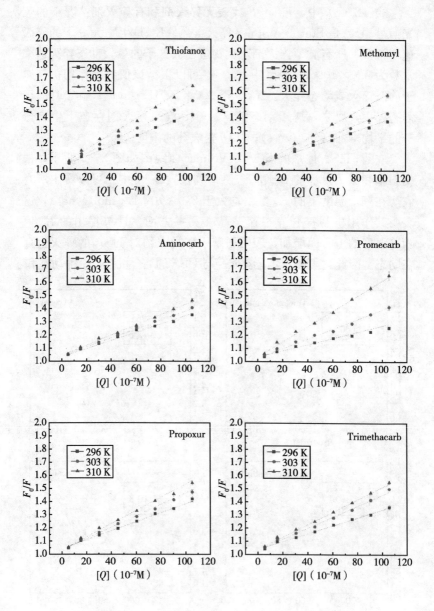

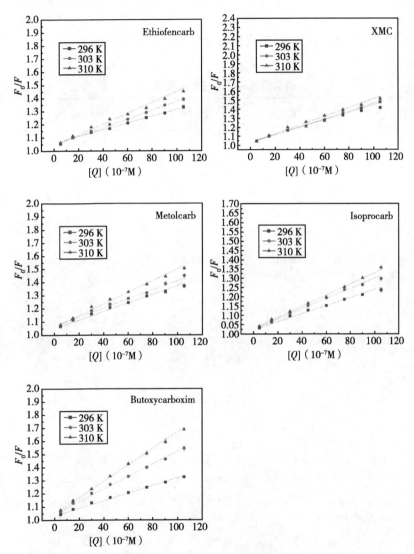

图 2-5　15 种氨基甲酸酯类农药- HSA 相互作用的 Stern - Volmer 图

[Q]. 农药浓度　F_0/F. 在不存在/存在农药情况下的荧光信号

注：pH＝7.4

静态结合的混合机制，这与前文 2.3.1 部分紫外光谱初步判断的结论一致[20]。所选择的不同种农药与 HSA 之间相互作用机理都是相同的，这可能是由于这类农药的分子结构普遍具有相似性。

表 2-1　氨基甲酸酯类农药对 HSA 的 Stern-Volmer
猝灭常数和猝灭速率常数表

农药名称	T (K)	K_{sv} (10^4 M^{-1})	K_q (10^{12} $M^{-1} \cdot s^{-1}$)
久效威砜	296	3.906±0.043	3.906±0.043
	303	4.102±0.034	4.102±0.034
	310	5.574±0.138	5.574±0.138
杀线威	296	5.229±0.185	5.229±0.185
	303	5.735±0.073	5.735±0.073
	310	6.605±0.058	6.605±0.058
久效威亚砜	296	3.284±0.040	3.284±0.040
	303	4.237±0.067	4.237±0.067
	310	5.339±0.093	5.339±0.093
克百威	296	5.563±0.123	5.563±0.123
	303	7.239±0.082	7.239±0.082
	310	8.770±0.088	8.770±0.088
久效威	296	3.871±0.035	3.871±0.035
	303	4.728±0.064	4.728±0.064
	310	5.876±0.198	5.876±0.198
灭多威	296	3.401±0.068	3.401±0.068
	303	4.025±0.136	4.025±0.136
	310	5.288±0.093	5.288±0.093
灭害威	296	3.151±0.089	3.151±0.089
	303	3.409±0.059	3.409±0.059
	310	3.905±0.179	3.905±0.179
猛杀威	296	2.409±0.154	2.409±0.154
	303	3.705±0.060	3.705±0.060
	310	5.817±0.219	5.817±0.219

（续）

农药名称	T (K)	K_{sv} (10^4 M^{-1})	K_q (10^{12} $M^{-1} \cdot s^{-1}$)
残杀威	296	3.425±0.132	3.425±0.132
	303	4.353±0.121	4.353±0.121
	310	5.053±0.120	5.053±0.120
混灭威	296	3.043±0.160	3.043±0.160
	303	4.204±0.100	4.204±0.100
	310	4.778±0.093	4.778±0.093
乙硫苯威	296	2.562±0.137	2.562±0.137
	303	3.301±0.074	3.301±0.074
	310	4.135±0.166	4.135±0.166
灭除威	296	4.145±0.187	4.145±0.187
	303	4.362±0.151	4.362±0.151
	310	4.830±0.108	4.830±0.108
速灭威	296	3.261±0.020	3.261±0.020
	303	3.415±0.159	3.415±0.159
	310	4.442±0.118	4.442±0.118
异丙威	296	2.175±0.070	2.175±0.070
	303	2.758±0.048	2.758±0.048
	310	3.015±0.043	3.015±0.043
丁酮砜威	296	2.888±0.064	2.888±0.064
	303	4.798±0.112	4.798±0.112
	310	6.264±0.074	6.264±0.074

注：T 为绝对温度，K_{sv} 为猝灭常数，K_q 为猝灭速率常数。

2.5　结合常数和结合位点数的确定

氨基甲酸酯类农药与 HSA 之间的结合位点和结合常数信息通过以下公式计算[21-22]：

$$\lg[(F_0 - F)/F] = \lg K_a + n\lg[Q] \qquad (2-3)$$

式（2-3）中，F_0 是 HSA 的相对荧光信号，F 是农药-HSA 体系的相对荧光信号，K_a 是结合常数，n 是结合位点数，$[Q]$ 代表农药浓度。

通过荧光数据得出的 $\lg[(F_0 - F)/F] - \lg[Q]$ 曲线如图 2-6 所示，根据截距和斜率计算出 296 K、303 K 和 310 K 三个温度下相互作用的结合位点数和结合常数并将其列在表 2-2 中。结合位点数和结合常数均随着温度的升高而增大，这与 K_{sv} 的变化趋势相符合。氨基甲酸酯类农药与 HSA 结合的位点数大小不同，但均小于 1，所以 1 个农药分子最多与 1 个 HSA 分子相结合。在 310 K 下不同农药与 HSA 结合强弱依次为：克百威＞久效威砜＞灭除威＞杀线威＞猛杀威＞灭多威＞残杀威＞久效威亚砜＞丁酮砜威＞久效威＞混灭威＞灭害威＞异丙威＞乙硫苯威＞速灭威。其中久效威砜、久效威亚砜、久效威三者的结构十分相似，只有连接 O 原子的个数不同，久效威砜的 S 原子上连两个 O 原子，久效威亚砜连 1 个 O 原子，久效威未连 O 原子。根据它们与 HSA 的结合常数可以推断出，S 原子连的 O 原子数越多，与 HSA 结合越强，毒性可能越大，这与上述 3 种农药 LD_{50} 值所呈现的结果也是一致的。混灭威、灭除威、速灭威在结构上只有苯环上甲基取代基的个数和位置不同，但与 HSA 的结合强度却差异较大，这说明这类农药分子上取代基位置和个数的不同对毒性有很大影响。

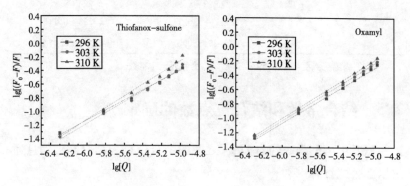

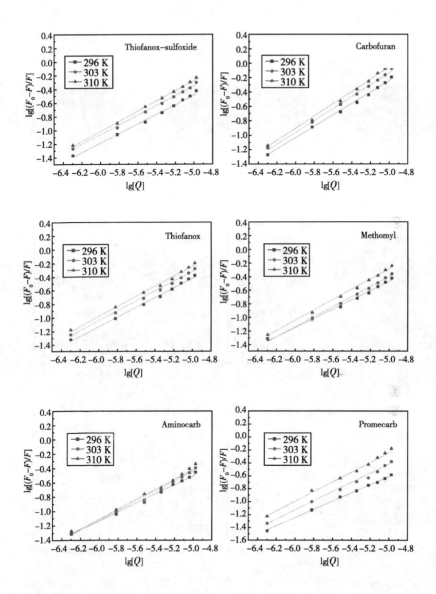

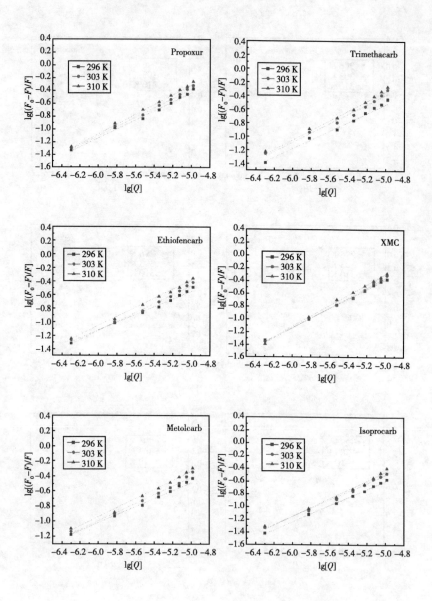

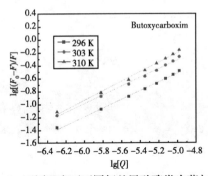

图 2-6 不同温度下不同氨基甲酸酯类农药与 HSA
的 $\lg\left[(F_0-F)/F\right]$ 与 $\lg\left[Q\right]$ 关系图

$[Q]$. 农药的浓度 F_0/F. 在无/有农药情况下的荧光信号

注：pH=7.4

表 2-2 氨基甲酸酯类农药与 HSA 反应的结合位点数和结合常数

农药名称	T (K)	n	K_a (M^{-1})
久效威砜	296	0.719 ± 0.011	$(1.559\pm0.162)\times10^3$
	303	0.786 ± 0.008	$(3.514\pm0.247)\times10^3$
	310	0.848 ± 0.004	$(9.450\pm0.597)\times10^3$
杀线威	296	0.774 ± 0.016	$(3.914\pm0.713)\times10^3$
	303	0.789 ± 0.004	$(5.139\pm0.171)\times10^3$
	310	0.807 ± 0.003	$(7.112\pm0.194)\times10^3$
久效威亚砜	296	0.707 ± 0.009	$(1.127\pm0.100)\times10^3$
	303	0.726 ± 0.005	$(1.906\pm0.103)\times10^3$
	310	0.746 ± 0.006	$(2.861\pm0.176)\times10^3$
克百威	296	0.797 ± 0.002	$(5.417\pm0.156)\times10^3$
	303	0.822 ± 0.002	$(9.360\pm0.242)\times10^3$
	310	0.862 ± 0.002	$(1.765\pm0.031)\times10^4$
久效威	296	0.714 ± 0.014	$(1.454\pm0.264)\times10^3$
	303	0.725 ± 0.005	$(2.016\pm0.106)\times10^3$
	310	0.730 ± 0.003	$(2.567\pm0.071)\times10^3$

（续）

农药名称	T（K）	n	K_a（M^{-1}）
灭多威	296	0.661 ± 0.003	$(6.830\pm0.170)\times10^2$
	303	0.727 ± 0.008	$(1.727\pm0.160)\times10^3$
	310	0.766 ± 0.002	$(3.536\pm0.105)\times10^3$
灭害威	296	0.649 ± 0.005	$(5.678\pm0.451)\times10^2$
	303	0.669 ± 0.006	$(8.021\pm0.741)\times10^2$
	310	0.699 ± 0.003	$(1.272\pm0.024)\times10^3$
猛杀威	296	0.645 ± 0.004	$(4.109\pm0.141)\times10^2$
	303	0.704 ± 0.008	$(1.216\pm0.014)\times10^3$
	310	0.769 ± 0.009	$(4.146\pm0.049)\times10^3$
残杀威	296	0.706 ± 0.014	$(1.260\pm0.209)\times10^3$
	303	0.729 ± 0.013	$(1.898\pm0.304)\times10^3$
	310	0.757 ± 0.011	$(3.032\pm0.341)\times10^3$
混灭威	296	0.694 ± 0.002	$(9.546\pm0.118)\times10^2$
	303	0.696 ± 0.005	$(1.268\pm0.092)\times10^3$
	310	0.713 ± 0.001	$(1.782\pm0.036)\times10^3$
乙硫苯威	296	0.613 ± 0.003	$(3.428\pm0.066)\times10^2$
	303	0.645 ± 0.009	$(5.863\pm0.559)\times10^2$
	310	0.674 ± 0.002	$(9.563\pm0.218)\times10^2$
灭除威	296	0.734 ± 0.005	$(1.854\pm0.120)\times10^3$
	303	0.779 ± 0.012	$(3.404\pm0.472)\times10^3$
	310	0.832 ± 0.006	$(7.187\pm0.498)\times10^3$
速灭威	296	0.564 ± 0.012	$(2.249\pm0.362)\times10^2$
	303	0.587 ± 0.001	$(3.394\pm0.050)\times10^2$
	310	0.616 ± 0.003	$(5.497\pm0.211)\times10^2$

（续）

农药名称	T (K)	n	K_a (M^{-1})
异丙威	296	0.669 ± 0.004	$(4.875 \pm 0.284) \times 10^2$
	303	0.689 ± 0.004	$(7.701 \pm 0.377) \times 10^2$
	310	0.712 ± 0.009	$(1.111 \pm 0.122) \times 10^3$
丁酮砜威	296	0.658 ± 0.002	$(5.827 \pm 0.213) \times 10^2$
	303	0.679 ± 0.002	$(1.202 \pm 0.037) \times 10^3$
	310	0.725 ± 0.001	$(2.617 \pm 0.076) \times 10^3$

注：T 为绝对温度，K_a 为结合常数，n 为结合位点数。

2.6　热力学参数计算及作用力类型的判断

生物大分子与药物小分子之间主要存在范德华力、氢键、疏水作用、静电作用这几种分子间相互作用类型。根据热力学参数 ΔG^0，ΔH^0 和 ΔS^0 值的正负能判断出氨基甲酸酯类农药与 HSA 之间结合是通过哪些作用力驱使的。药物-蛋白质相互作用的热力学参数使用 Van't Hoff 方程进行计算[23-24]：

$$\ln K = -\Delta H^0/RT + \Delta S^0/R \qquad (2-4)$$
$$\Delta G^0 = \Delta H^0 - T\Delta S^0 \qquad (2-5)$$

式（2-4）中，常数 K 是不同温度下结合常数 K_a 的值。

根据 Van't Hoff 方程，$\ln K$ 对 $1/T$ 的曲线如图 2-7 所示，根据斜率和截距计算出 ΔG^0，ΔH^0 和 ΔS^0 的值并列在表 2-3 中。所有氨基甲酸酯类农药与 HSA 之间结合的 ΔG^0 均为负值，而 ΔH^0 和 ΔS^0 均为正值。根据大分子与小分子之间结合力的热力学规则，当 $\Delta H^0 > 0$、$\Delta S^0 > 0$ 时，是典型的疏水力驱使[25]。可以判断氨基甲酸酯类农药与 HSA 之间的结合能自发进行，为吸热反应，并且主要是通过典型的疏水作用进行结合。

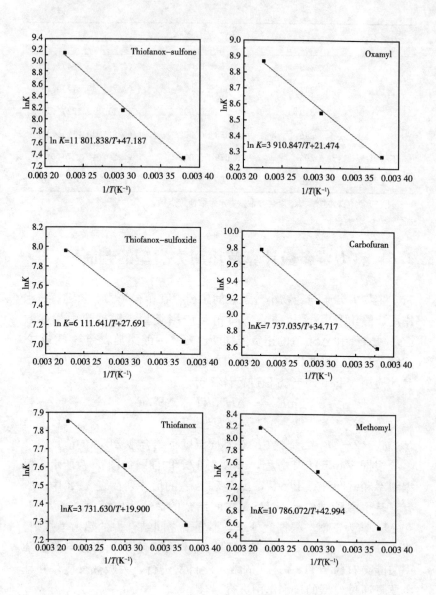

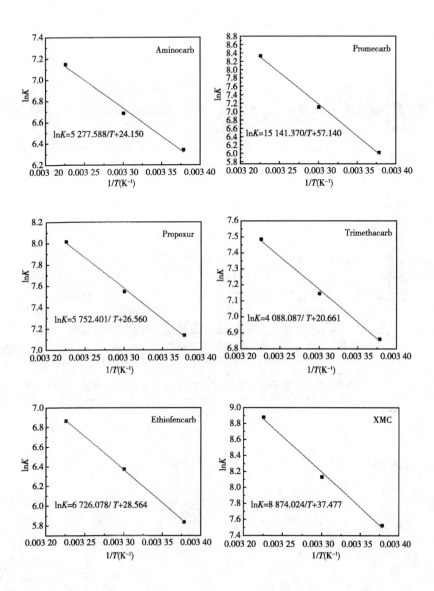

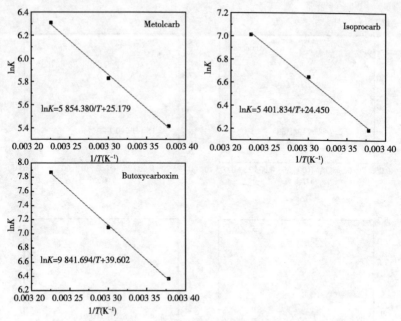

图 2-7　根据 Van't Hoff 方程得出的 lnK 对 1/T 的关系图

K. 结合常数　　*T.* 绝对温度

注：pH=7.4

表 2-3　氨基甲酸酯类农药与 HSA 反应的热力学参数

农药名称	T (K)	ΔH^0 (kJ·mol^{-1})	ΔS^0 (J·mol^{-1}·K^{-1})	ΔG^0 (kJ·mol^{-1})
	296			-18.004
久效威砜	303	98.120	392.314	-20.751
	310			-23.497
	296			-20.331
杀线威	303	32.515	178.534	-21.581
	310			-22.831
	296			-17.333
久效威亚砜	303	50.812	230.219	-18.944
	310			-20.556

（续）

农药名称	T (K)	ΔH^0 (kJ·mol^{-1})	ΔS^0 (J·mol^{-1}·K^{-1})	ΔG^0 (kJ·mol^{-1})
	296			−21.112
克百威	303	64.326	288.639	−23.132
	310			−25.153
	296			−17.949
久效威	303	31.025	165.452	−19.107
	310			−20.265
	296			−16.131
灭多威	303	89.675	357.453	−18.633
	310			−21.135
	296			−15.553
灭害威	303	43.878	200.780	−16.958
	310			−18.364
	296			−14.733
猛杀威	303	125.885	475.061	−18.058
	310			−21.383
	296			−17.536
残杀威	303	47.825	220.816	−19.082
	310			−20.627
	296			−16.857
混灭威	303	33.988	171.775	−18.059
	310			−19.262
	296			−14.374
乙硫苯威	303	55.921	237.483	−16.037
	310			−17.699
	296			−18.450
灭除威	303	73.779	311.582	−20.631
	310			−22.812

（续）

农药名称	T (K)	ΔH^0 (kJ·mol^{-1})	ΔS^0 (J·mol^{-1}·K^{-1})	ΔG^0 (kJ·mol^{-1})
	296			−13.291
速灭威	303	48.673	209.338	−14.756
	310			−16.222
	296			−15.260
异丙威	303	44.910	203.281	−16.683
	310			−18.106
	296			−15.634
丁酮砜威	303	81.824	329.251	−17.939
	310			−20.244

注：ΔG 为吉布斯自由能变化，ΔH 为焓变，ΔS 为熵变。

2.7 非辐射能量转移和结合距离

Förster 能量转移理论被用来解释氨基甲酸酯类农药与 HSA 之间的非辐射能量转移和计算结合距离[26]：

$$E = 1 - F/F_0 = R_0^6/(R_0^6 + r^6) \qquad (2-6)$$

式（2-6）中，E 表示供体与受体之间的转移效率，r 表示供体与受体之间的平均距离，R_0 表示转移效率为 50% 时的临界距离。

$$R_0^6 = 8.79 \times 10^{-25} K^2 N^{-4} \varphi J \qquad (2-7)$$

式（2-7）中，K^2 是与偶极子的供体和受体几何形状有关的取向，对于在流体溶液中的随机取向，$K^2 = 2/3$[27]；N 是在光谱重叠范围内介质的平均折射率，水和有机物的折射率平均值为 1.336[28]；φ 是供体的量子产率，HSA 中色氨酸的量子产率约为 0.118；J 是供体发射光谱与受体吸收光谱之间的重叠面积，可以通过下面的公式来计算：

$$J = \sum F(\lambda)\varepsilon(\lambda)\lambda^4 \Delta\lambda / \sum F(\lambda)\Delta\lambda \qquad (2-8)$$

式（2-8）中，$F(\lambda)$ 是供体在波长从 λ 到 $\lambda + \Delta\lambda$ 的范围内的荧光信号，而 $\varepsilon(\lambda)$ 是受体在 λ 处的消光系数。

HSA 的荧光光谱与氨基甲酸酯农药的 UV-Vis 吸收光谱重叠如图 2-8 所示，结合距离记录在表 2-4 中，由于 $r<8$，说明氨基甲酸酯农药与 HSA 之间发生了非辐射能量转移。非辐射能量转移的发生也能导致荧光猝灭，这与它们之间发生动态和静态混合机制这一现象一致。

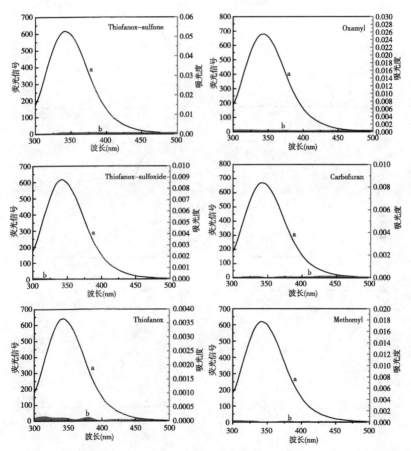

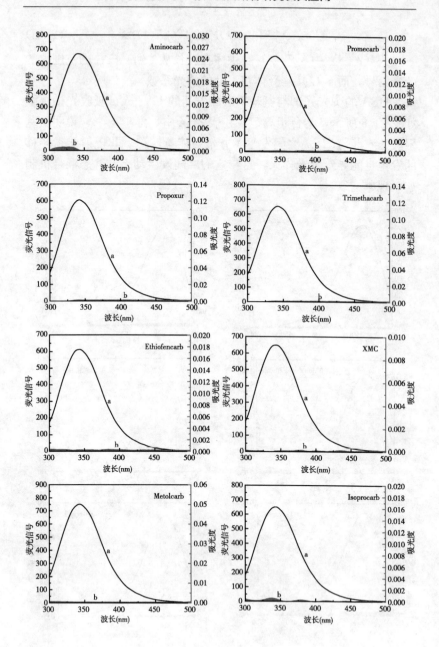

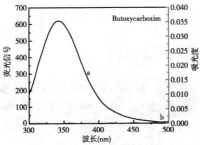

图 2-8　HSA 普通荧光光谱与不同氨基甲酸酯类农药吸收的重叠光谱

a. 5×10^{-7} mol · L^{-1} HSA　b. 5×10^{-7} mol · L^{-1} 农药

注：pH=7.4，T=310 K

表 2-4　非辐射能量转移与结合距离

农药名称	J（cm³ · L · mol⁻¹）	R_0（nm）	E	r（nm）
久效威砜	1.301×10^{-15}	1.745	4.469%	2.907
杀线威	7.784×10^{-16}	1.602	5.616%	2.564
久效威亚砜	6.643×10^{-17}	1.063	5.593%	1.702
克百威	1.723×10^{-16}	1.246	6.591%	1.938
久效威	1.378×10^{-16}	1.200	6.280%	1.883
灭多威	2.504×10^{-16}	1.326	5.281%	2.415
灭害威	2.896×10^{-16}	1.358	5.052%	2.215
猛杀威	4.196×10^{-16}	1.445	5.574%	2.316
残杀威	2.289×10^{-15}	1.917	4.949%	3.138
混灭威	1.824×10^{-15}	1.846	5.623%	2.954
乙硫苯威	4.516×10^{-16}	1.463	5.328%	2.363
灭除威	1.290×10^{-16}	1.187	3.817%	2.033
速灭威	9.442×10^{-16}	1.654	7.322%	2.525
异丙威	2.966×10^{-16}	1.364	3.794%	2.338
丁酮砜威	2.013×10^{-16}	1.279	7.078%	1.964

注：J 为供体发射光谱与受体吸收光谱之间的重叠面积，R_0 为转移效率为 50% 时的临界距离，E 为供体与受体之间的转移效率，r 为供体与受体之间的平均距离。

2.8 氨基甲酸酯类农药对 HSA 构象的影响

2.8.1 同步荧光光谱分析

使用同步荧光光谱法来确定氨基甲酸酯类农药对 HSA 构象的改变情况。波长间隔（$\Delta\lambda$）为 15 nm 时可以反映出 Tyr 残基的荧光，$\Delta\lambda$ 为 60 nm 时只反映 Trp 残基的荧光[29]。通过在 310 K 下同时扫描 200～400 nm 范围内的激发和发射光谱，记录了不同氨基甲酸酯农药－HSA 体系的同步荧光光谱。激发和发射波长的间隔（$\Delta\lambda$）分别设置为 15 nm 和 60 nm 时进行光谱测试。当 $\Delta\lambda=15$ nm 时，HSA 的浓度保持在 2×10^{-6} mol·L^{-1}，农药从 0 增加至 42×10^{-6} mol·L^{-1}；当 $\Delta\lambda=60$ nm 时，HSA 浓度保持在 5×10^{-7} mol·L^{-1}，农药从 0 增加至 105×10^{-7} mol·L^{-1}。

根据这两种残基最大发射波长与其周围微环境疏水性之间的关系可以确定氨基甲酸酯类农药对 HSA 构象的影响。如图 2-9 和图 2-10 所示，在 $\Delta\lambda=15$ nm 和 $\Delta\lambda=60$ nm 的光谱下，蛋白质的最大普通荧光峰随着农药浓度的增加均减小。这表明 HSA 分子中 Tyr 残基和 Trp 残基周围的微环境发生了轻微改变。这类农药对 HSA 构象的改变反映了它们能够与 HSA 发生结合。

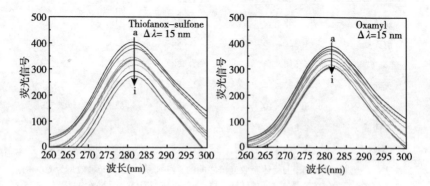

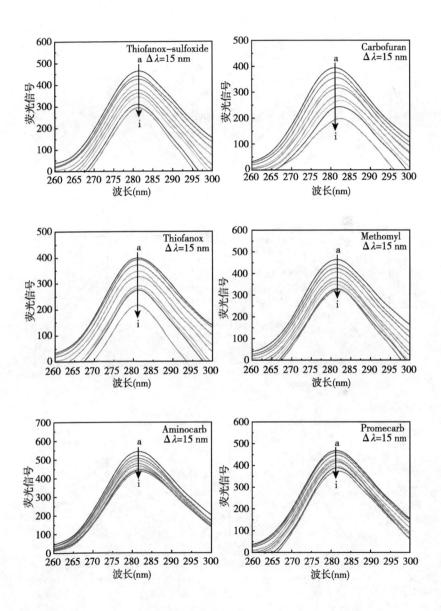

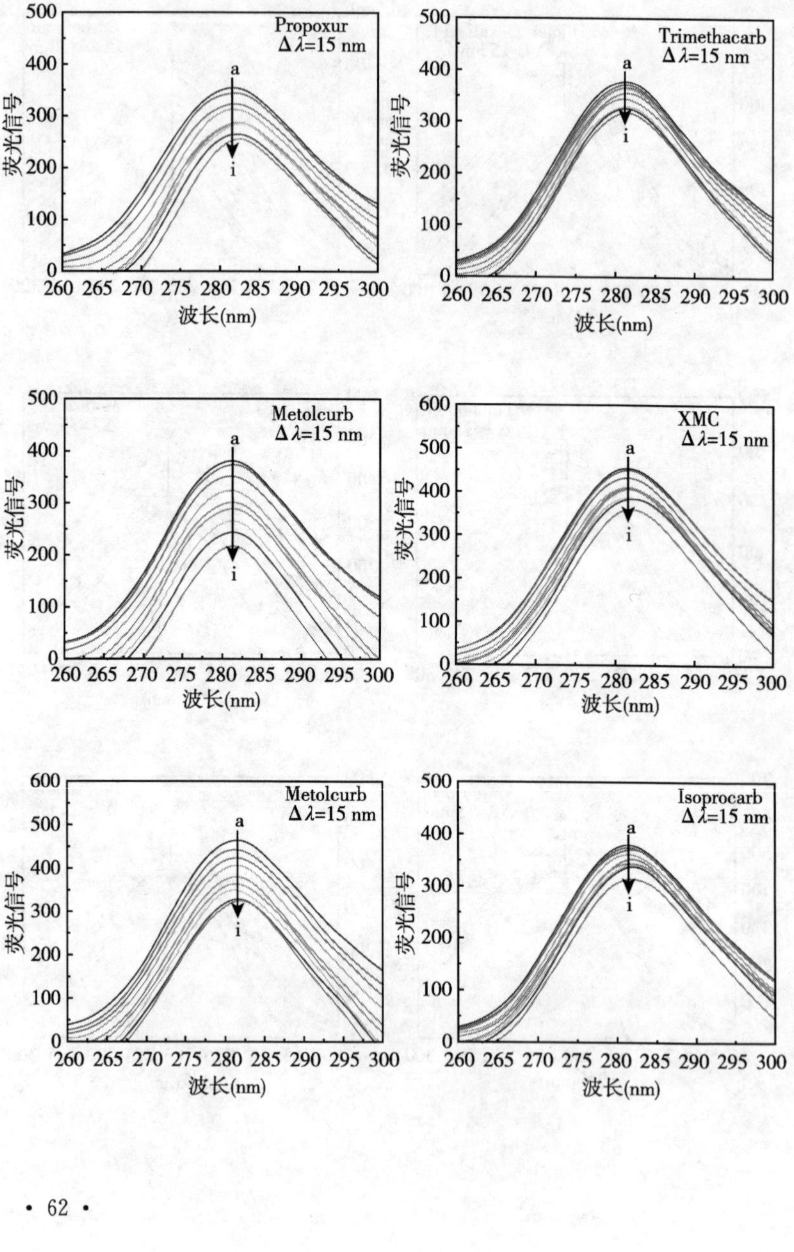
Propoxur
Δλ=15 nm
Trimethacarb
Δλ=15 nm
Metolcurb
Δλ=15 nm
XMC
Δλ=15 nm
Metolcurb
Δλ=15 nm
Isoprocarb
Δλ=15 nm
a
i
荧光信号
波长(nm)

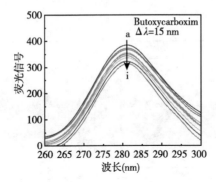

图 2-9　在不存在和存在不同农药下 HSA 的
同步荧光光谱（Δλ＝15 nm）

a～i. HSA 与不同浓度农药

注：HSA 浓度为 $2×10^{-6}$ mol·L^{-1}，农药与 HSA 的比例为 0∶1、3∶1、
6∶1、9∶1、12∶1、15∶1、18∶1 和 21∶1，pH＝7.4，T＝310 K

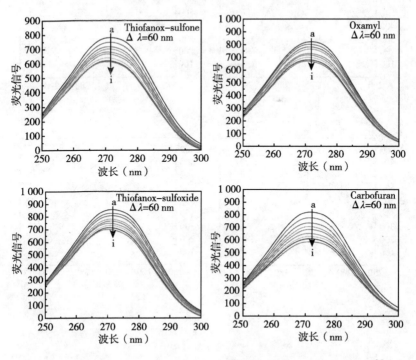

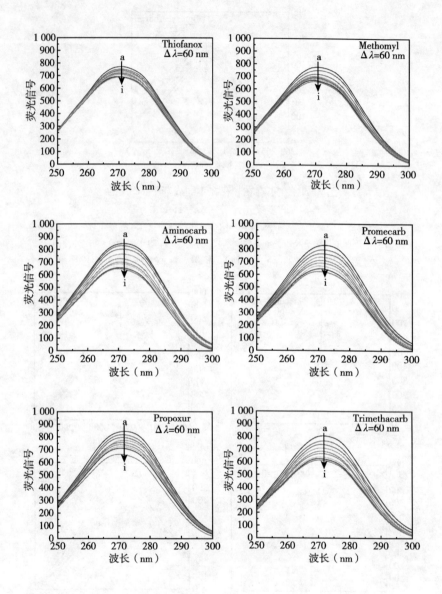

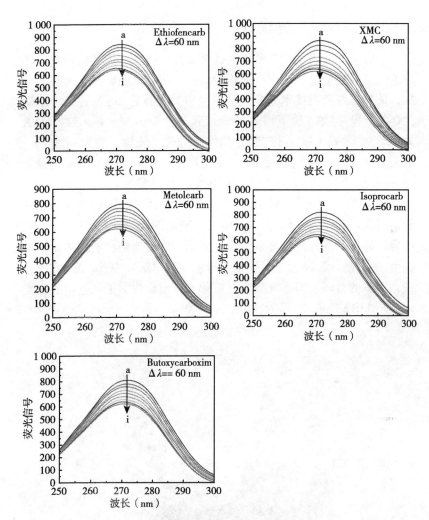

图 2-10　在不存在和存在不同农药下 HSA 的
同步荧光光谱（Δλ＝60 nm）

a～i. HSA 与不同浓度农药

注：HSA 浓度为 2×10^{-6} mol·L^{-1}，农药与 HSA 的比例为 0∶1、3∶1、6∶1、
9∶1、12∶1、15∶1、18∶1 和 21∶1，pH＝7.4，T＝310 K

2.8.2　三维荧光光谱分析

三维荧光光谱法是一种新兴的荧光分析技术，能够提供全面详细的样品荧光信息，这使得对蛋白构象变化特征的研究更为科学可靠。使用三维荧光技术研究氨基甲酸酯类农药对 HSA 的二级结构的影响[30]，在 296 K 下预热 3 min 后，将 $8×10^{-8}$ mol·L^{-1} HSA 与 $8×10^{-7}$ mol·L^{-1}农药混合扫描三维荧光光谱。将发射波长设置为 250～500 nm，初始激发波长设置为 210 nm，激发增量设置为 10 nm，激发波长与发射波长的缝隙宽度均设置为 15 nm。

如图 2-11 所示，HSA 的峰 1 主要体现多肽骨架结构的荧光光谱行为，峰 2 主要体现 Trp 和 Tyr 残基的光谱特征[31]。加入农药后，峰 1 的荧光信号显著下降，表明多肽骨架结构周围的微环境发生了变化。峰 2 的信号下降但不明显，这表明 Trp 残基和 Tyr 残基周围的微环境略有改变。三维荧光光谱也说明了氨基甲酸酯类农药与 HSA 能够发生结合。

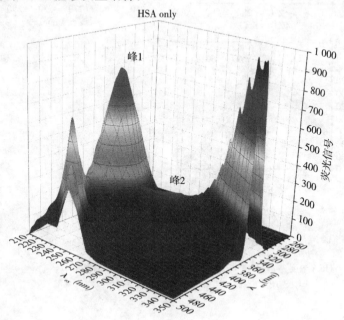

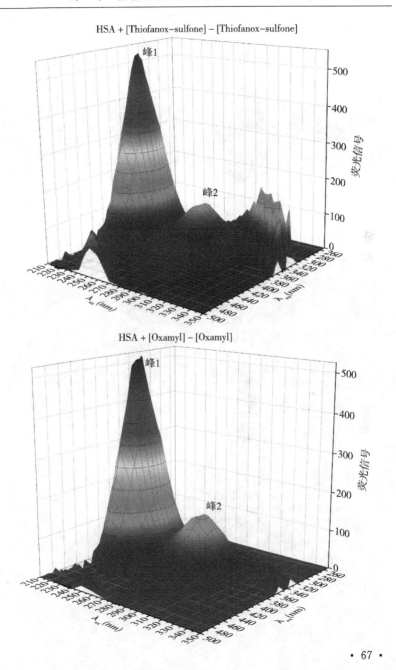

HSA + [Thiofanox−sulfoxide] − [Thiofanox−sulfoxide]

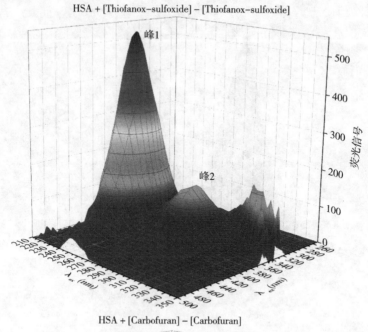

HSA + [Carbofuran] − [Carbofuran]

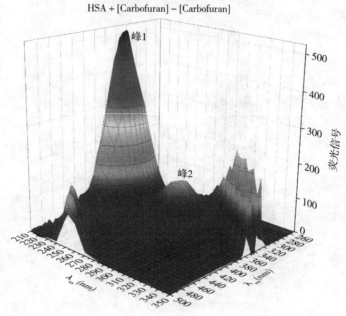

HSA + [Thiofanox] − [Thiofanox]

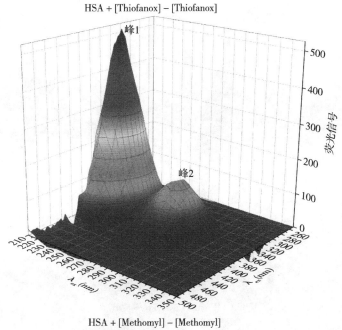

HSA + [Methomyl] − [Methomyl]

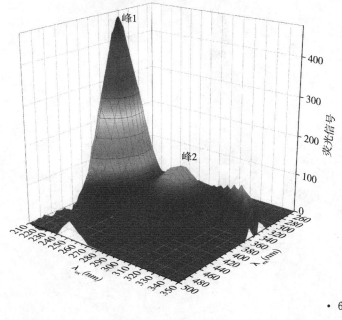

HSA + [Aminocarb] – [Aminocarb]

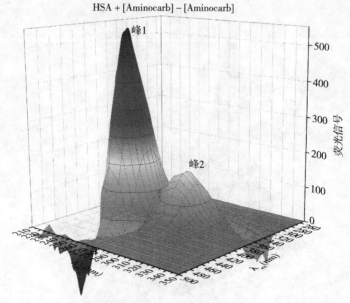

HSA + [Promecarb] – [Promecarb]

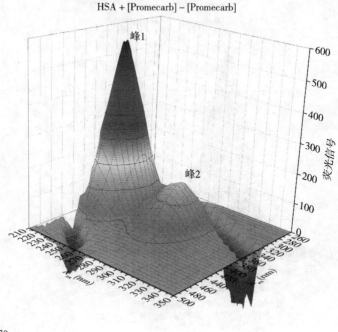

HSA + [Propoxur]–[Propoxur]

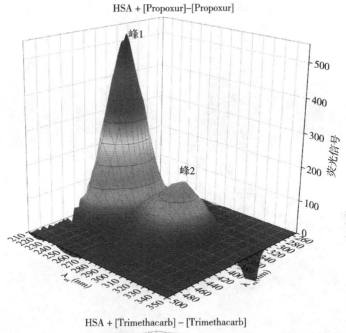

HSA + [Trimethacarb] – [Trimethacarb]

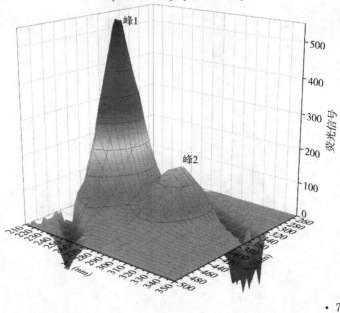

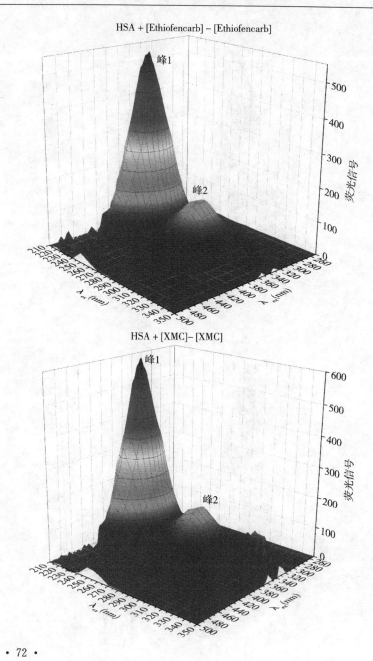

HSA + [Metolcarb] − [Metolcarb]

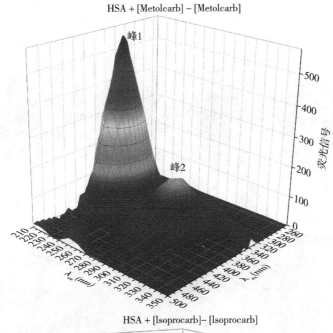

HSA + [Isoprocarb]− [Isoprocarb]

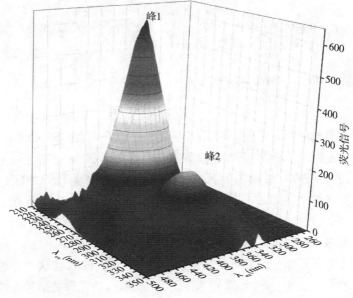

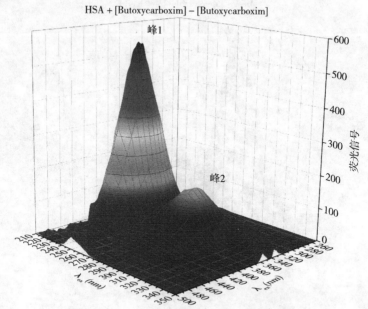

图 2-11　在不存在和存在不同氨基甲酸酯类
农药情况下 HSA 的三维荧光光谱
注：HSA 浓度为 8×10^{-8} mol・L^{-1}，农药浓度为 8×10^{-7} mol・L^{-1}，
pH=7.4，T=296 K

2.8.3　圆二色性光谱分析

　　图二色性光谱（CD 光谱）是研究蛋白质二级结构变化的一种强大而灵敏的分析手段[32]。本章使用 Bio‐Logic MOS‐500 spectrometer 测试了游离 HSA 和农药‐HSA 体系的 CD 光谱来进一步研究农药对 HSA 二级结构的影响。在 296 K 下，测量 HSA 的 CD 光谱，设置波长在 200～500 nm 范围内。HSA 的浓度保持在 2×10^{-6} mol・L^{-1}，农药与 HSA 比例分别设置为 0：1、5：1 和10：1。

　　如图 2-12 所示，HSA 具有典型的 α-螺旋结构，其在 208 nm 和 222 nm 处显示出负的 Cotton 效应。加入农药后，HSA 在这两个波长下负的 Cotton 效应有所减轻。根据以下等式，CD 光谱的信号通常表

示为 MRE（平均残基摩尔椭圆率），其单位为 deg・cm^2・dmol^{-1}。

$$MRE = \text{ObservedCD}(\text{mdeg})/(10G_p nl) \qquad (2-9)$$

其中 C_p 是 HSA 的摩尔浓度，n 是 HSA 中氨基酸残基数量（585），l 是路径长度（1 mm）。

根据 MRE 值使用以下公式计算游离和结合的 HSA 的 α-螺旋含量[33]：

$$\alpha - \text{Helix}(\%) = [(-MRE_{208} - 4\,000) \times 100]/(33\,000 - 4\,000)$$
$$(2-10)$$

式（2-10）中，MRE_{208} 是在 208 nm 处观察到的 MRE 值；4 000 是 208 nm 处随机线圈构象的 MRE 值；33 000 是纯 α-螺旋在 208 nm 处的 MRE 值。

表 2-5 中列出了在添加农药前后 α-螺旋含量的变化。本实验中 HSA 的 α-螺旋含量随化合物含量增加而略有降低，表明蛋白构象发生了轻微变化，也反映出氨基甲酸酯类农药能与 HSA 结合。

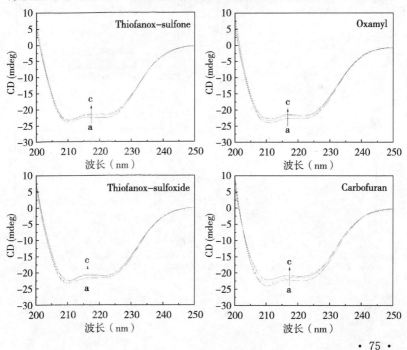

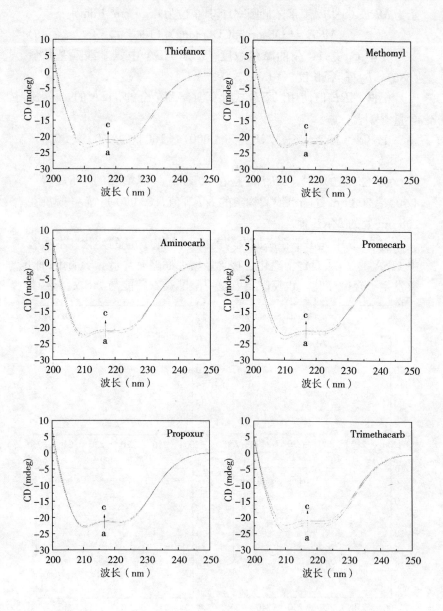

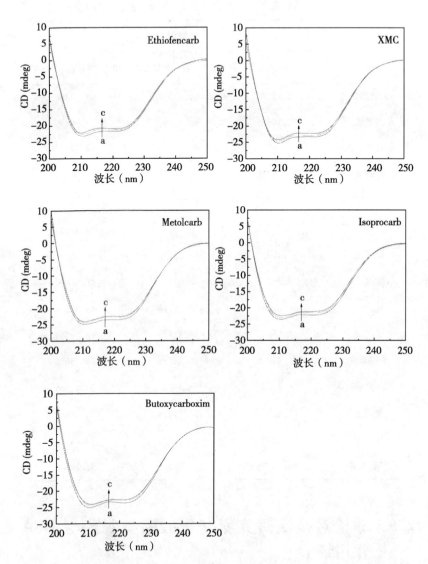

图 2-12　不同氨基甲酸酯类农药与人血清白蛋白结合的圆二色性光谱

a. 2×10^{-6} mol·L^{-1} HSA　b～c. 2×10^{-6} mol·L^{-1} HSA

注：农药与 HSA 之比为 5：1、10：1，pH=7.4，$T=296$ K

表 2-5　在不同氨基甲酸酯类农药存在下 HSA 的 α-螺旋含量

农药名称	α-螺旋含量		
	HSA	5∶1（农药∶HSA）	10∶1（农药∶HSA）
久效威砜	52.445%	51.076%	50.482%
杀线威	52.768%	50.883%	49.354%
久效威亚砜	51.829%	50.523%	48.338%
克百威	53.567%	51.483%	48.304%
久效威	51.371%	48.904%	48.180%
灭多威	51.353%	50.756%	49.970%
灭害威	52.156%	49.862%	49.082%
猛杀威	52.255%	48.610%	48.538%
残杀威	50.393%	50.121%	49.341%
混灭威	54.683%	52.233%	48.283%
乙硫苯威	50.640%	49.087%	48.340%
灭除威	56.422%	55.392%	54.416%
速灭威	55.607%	53.549%	53.215%
异丙威	53.205%	50.878%	49.242%
丁酮砜威	56.793%	53.753%	52.790%

2.9　分子对接法研究氨基甲酸酯类农药与 HSA 作用细节

　　分子对接是用于进一步研究药物结合蛋白的重要技术[34]。从蛋白质数据库中下载分辨率为 3.23 Å 的 HSA 三维晶体结构（PDB

ID：4K2C)[35]。通过去除水分子，添加氢原子和其他操作对蛋白质进行预处理。从 ZINC 数据库获得 15 种氨基甲酸酯类农药的三维结构。然后，使用 Autodock 4.2 将预处理后的 HSA 三维结构和农药三维结构进行半柔性对接。配体分子的初始位置、方向和扭转都是随机设置的。使用 Autogrid 程序生成了 126 Å×126 Å×126 Å 网格点和 0.6 Å 间距的亲和度网格图，该网格将 HSA 结构的整个 A 链包含在 GridBox 中。共执行了 50 次对接计算。最后，结合实验确定了相互作用的最佳构象。药物周围氨基酸和氢键的形成情况如图 2-13 所示，自由能和氢键距离见表 2-6。

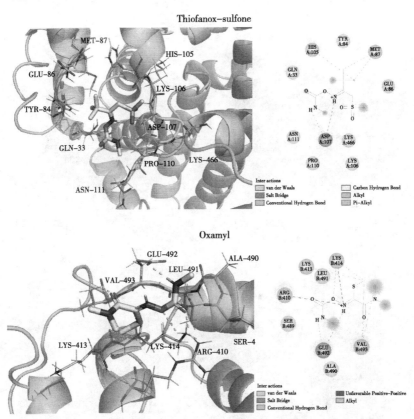

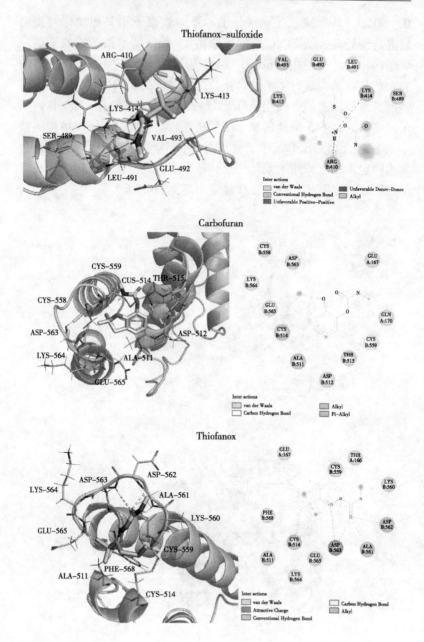

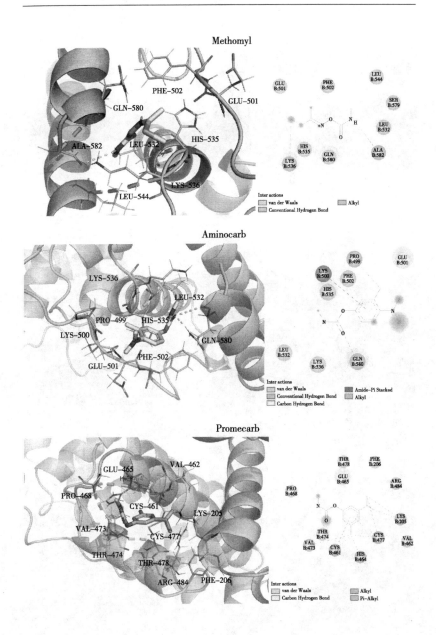

Propoxur

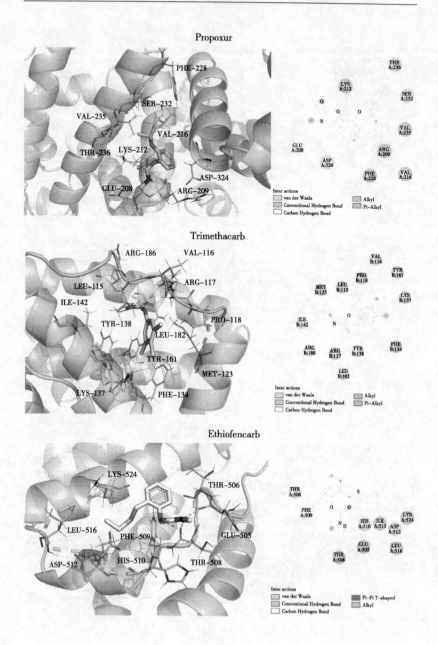

Trimethacarb

Ethiofencarb

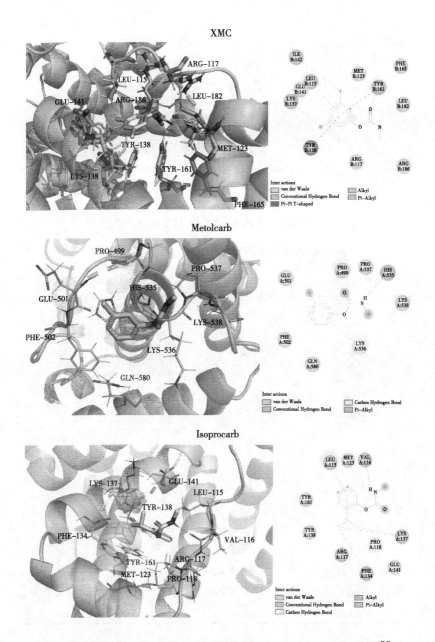

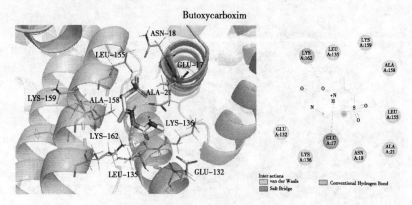

图 2 - 13　氨基甲酸酯类农药与 HSA 相互作用的结合类型和二维图

表 2 - 6　氨基甲酸酯类农药和 HSA 的分子对接结果

农药名称	ΔG^0（kJ·mol^{-1}）	氢键的形成情况和距离
久效威砜	-2.32	ASP107：2.47 nm
杀线威	-3.20	ARG410：1.83 nm LYS414：2.60 nm GLU492：1.98 nm VAL493：2.45 nm
久效威亚砜	-2.50	ARG410：4.09 nm LYS414：1.73 nm
克百威	-3.87	
久效威	-2.69	ASP562：2.57 nm ALA561：2.69 nm ASP563：2.46 nm
灭多威	-2.78	ALA582：5.00 nm
灭害威	-3.31	GLN580：2.02 nm
猛杀威	-4.30	
残杀威	-2.98	LYS212：2.04 nm
混灭威	-3.63	ARG117：2.39 nm

（续）

农药名称	ΔG^0（kJ·mol^{-1}）	氢键的形成情况和距离
乙硫苯威	−3.69	THR508：2.46 nm GLU505：2.19 nm
灭除威	−4.16	TYR161：2.04 nm
速灭威	−3.36	HIS535：2.84 nm
异丙威	−3.76	VAL116：2.15 nm
丁酮砜威	−3.36	LYS162：2.22 nm LYS162：2.48 nm

2.10　结论

本章通过紫外光谱法、普通荧光光谱法、同步荧光光谱法、三维荧光光谱法、圆二色性光谱法和分子对接技术系统探究了氨基甲酸酯类农药与人血清白蛋白之间相互作用的细节。结果显示，氨基甲酸酯类农药使人血清白蛋白荧光猝灭，其机制为动态和静态混合猝灭。通过猝灭常数、结合位点数、结合常数、自由能、结合距离等信息确定了这类农药能与人血清白蛋白结合，虽然结合程度不同，但它们与人血清白蛋白之间结合的作用力类型均为典型的疏水作用。此外，同步荧光、三维荧光和圆二色性光谱显示农药的加入轻微改变了人血清白蛋白构象并使其 α-螺旋含量降低。最后使用分子对接技术模拟了不同氨基甲酸酯类农药与 HSA 相互作用的细节。氨基甲酸酯类农药与人血清白蛋白的结合可影响其在人体内的吸收、代谢和分布，这为阐明药物-蛋白结合信息与其毒性关系提供重要基础。

———— 参考文献 ————

[1] 李卿沛，张妍，代春梅，等. QuEChERS—液质联用法测定蔬菜中 9 种氨基甲酸酯类农药残留 [J]. 农业科技与信息，2019 (17)：39 - 42.

[2] Colović M B, Krstić D Z, Lazarević - Pašti T D, et al. Acetylcholinesterase Inhibitors Pharmacology and Toxicology [J]. Current Neuropharmacology, 2013, 11：315 - 335.

[3] 刘兴泉，杨靖民，赵晓峰. 氨基甲酸酯类农药结构/急性毒性的三维定量构效关系研究 [J]. 吉林农业大学学报，2002 (5)：81 - 85.

[4] 吕欧，李涛，王豆，等. 氨基甲酸酯类农药残留质控样品的制备与评价——以灭多威为例 [J]. 食品安全质量检测学报 (24)：8499 - 8503.

[5] 李梦怡，彭博，李博，等. 农用乙酰胆碱酯酶抑制剂研究进展 [J]. 生物技术进展，2017, 7 (2)：127 - 134.

[6] 王缅，李巧，朱明，等. 国内外氨基甲酸酯类农药残留限量差异性研究 [J]. 农技服务，2017, 37 (12)：49 - 52.

[7] Lee S, Barron M G. A mechanism - based 3D - QSAR approach for classification and prediction of acetylcholinesterase inhibitory potency of organophosphate and carbamate analogs [J]. Journal of Computer - Aided Molecular Design, 2016, 30 (4)：347 - 363.

[8] Dulin F, Halm - Lemeille M P, Lozano S, et al. Interpretation of honeybees contact toxicity associated to acetylcholinesterase inhibitors [J]. Ecotoxicology and Environmental Safety, 2012, 79：13 - 21.

[9] Changsan T, Wannapob R, Kaewpet M, et al. Magnetic microsphere sorbent on CaCO₃ templates：Simple synthesis and efficient extraction of trace carbamate pesticides in fresh produce [J]. Food Chemistry, 2021, DOI：10. 1016/j. foodchem. 2020. 128336 .

[10] Rathish D, Agampodi S, Jayasumana C. Acetylcholinesterase inhibitor insecticides related acute poisoning, availability and sales：trends during the post - insecticide - ban period of Anuradhapura, Sri Lanka [J]. Environmental Health and Preventive Medicine, 2018, 23 (2)：149 - 168.

[11] 林红卫，李志良. 氨基甲酸酯类农药的结构表征与定量结构毒性相关研究 [J]. 怀化学院学报（自然科学版），2006 (2)：53 - 56.

[12] Zhang J, Wang Z, Xing Y, et al. Mechanism of the interaction between

benthiavalicarb‐isopropyl and human serum albumin [J]. Spectroscopy Letters, 2020, 53 (5): 360‐371.

[13] Xu H, Yao N, Xu H, et al. Characterization of the interaction between eupatorin and bovine serum albumin by spectroscopic and molecular modeling methods [J]. International Journal of Molecular Sciences, 2013, 14 (7): 14185‐14203.

[14] Yan J, Tang B, Wu D, et al. Synthesis and characterization of β‐cyclodextrin/fraxinellone inclusion complex and its influence on interaction with human serum albumin [J]. Spectroscopy Letters, 2016, 49 (8): 542‐550.

[15] Siddiqui M F, Khan M S, Husain F M, et al. Deciphering the binding of carbendazim (fungicide) with human serum albumin: A multi‐spectroscopic and molecular modelling studies [J]. Journal of Biomolecular Structure and Dynamics, 2019, 37 (9): 2230‐2241.

[16] Pan X, Qin P, Liu R, et al. Characterizing the Interaction between Tartrazine and Two Serum Albumins by a Hybrid Spectroscopic Approach [J]. Journal of Agricultural and Food Chemistry, 2011, 59 (12): 6650‐6656.

[17] 李淑娟, 李红俊, 吕晓东, 等. 两种黄酮小分子与人血清白蛋白相互作用的研究 [J]. 广州化工, 2020, 48 (19): 40‐42.

[18] Karami K, Rahimi M, Zakariazadeh M, et al. A novel silver (I) complex of α‐keto phosphorus ylide: Synthesis, characterization, crystal structure, biomolecular interaction studies, molecular docking and in vitro cytotoxic evaluation [J]. Journal of Molecular Structure, 2019, 1177: 430‐443.

[19] Chi Z, Liu R, Teng Y, et al. Binding of oxytetracycline to bovine serum albumin: spectroscopic and molecular modeling investigations [J]. Journal of Agricultural and Food Chemistry, 2010, 58 (18): 10262‐10269.

[20] Goszczynski T M, Fink K, Kowalski K, et al. Interactions of Boron Clusters and their Derivatives with Serum Albumin [J]. Scientific Reports, 2017, DOI: 10.1038/s41598‐017‐10314‐0.

[21] 曾晓丹, 赵影, 马明硕, 等. 次氯酸根荧光分子探针与人血清白蛋白相

互作用的研究 [J]. 化工技术与开发, 2020, 49 (10): 5 - 7, 76.

[22] Xu L, Hu Y X, Li Y C, et al. Study on the interaction of paeoniflorin with human serum albumin (HSA) by spectroscopic and molecular docking techniques [J]. Chemistry Central Journal, 2017, DOI: 10.1186/s13065 - 017 - 0348 - 3.

[23] 庚浔, 饶博文, 徐霖霖, 等. 光谱法及分子对接研究邻苯二甲酸单乙基己基酯与人血清白蛋白的相互作用分析试验室 [J]. 分析试验室, 2019, 38 (12): 1381 - 1386.

[24] Xu L, Hu Y X, Li Y C, et al. Study on the interaction of tussilagone with human serum albumin (HSA) by spectroscopic and molecular docking techniques [J]. Journal of Molecular Structure, 2017, 1149: 645 - 654.

[25] Wang C, Li Y. Study on the binding of propiconazole to protein by molecular modeling and a multispectroscopic method [J]. Journal of Agricultural and Food Chemistry, 2011, 59 (15): 8507 - 8512.

[26] Shahabadi N, Khorshidi A, Moghadam N H. Study on the interaction of the epilepsy drug, zonisamide with human serum albumin (HSA) by spectroscopic and molecular docking techniques [J]. Spectrochimica Acta Part A: Molecular and Biomolecular Spectroscopy, 2013, 114: 627 - 632.

[27] Zhu M, Wang L, Wang Y, et al. Biointeractions of Herbicide Atrazine with Human Serum Albumin: UV - Vis, Fluorescence and Circular Dichroism Approaches [J]. International Journal of Environmental Research and Public Health, 2018, 15 (1): 116.

[28] Fu L, Liu X, Zhou Q, et al. Characterization of the interactions of human serum albumin (HSA), gatifloxacin, and metronidazole using spectroscopic and electrochemical methods [J]. Journal of Luminescence, 2014, 149: 208 - 214.

[29] Dong X, Wang L, Feng R, et al. Insights into the binding mechanism of a model protein with fomesafen: Spectroscopic studies, thermodynamics and molecular modeling exploration [J]. Journal of Molecular Structure, 2019, 1195: 892 - 903.

[30] Liu B M, Zhang J, Hao A J, et al. The increased binding affinity of curcumin with human serum albumin in the presence of rutin and baicalin: A potential for drug delivery system [J]. Spectrochimica Acta Part A:

Molecular and Biomolecular Spectroscopy，2016，155：88 – 94.

[31] Feroz S R，Mohamad S B，Bujang N，et al. Multispectroscopic and Molecular Modeling Approach To Investigate the Interaction of Flavokawain B with Human Serum Albumin [J]. Journal of Agricultural and Food Chemistry，2012，60 (23)：5899 – 5908.

[32] Xu H，Yao N，Li G，et al. Spectroscopic Studies on the Interaction Between Aucubin and Bovine Serum Albumin Without or With Copper Ⅱ or Iron Ⅲ [J]. Spectroscopy Letters (2)：119 – 130.

[33] Sun Q，He J，Yang H，et al. Analysis of binding properties and interaction of thiabendazole and its metabolite with human serum albumin via multiple spectroscopic methods [J]. Food Chemistry，2017，233：190 – 196.

[34] Nair M S. Spectroscopic study on the interaction of resveratrol and pterostilbene with human serum albumin [J]. ournal of Photochemistry and Photobiology B：Biology，2015，149：58 – 67.

[35] Wang Y，Yu H，Shi X，et al. Structural Mechanism of Ring – opening Reaction of Glucose by Human Serum Albumin [J]. Journal of Biological Chemistry，2013，288 (22)：15980 – 15987.

第3章 苯噻菌胺与人血清白蛋白相互作用

3.1 苯噻菌胺概述

3.1.1 苯噻菌胺的开发沿革

晚疫病、霜霉病是多种作物常见的真菌性病害，苯噻菌胺是对这两种病害具有良好防治效果的杀菌剂，不仅预防和治疗效果突出，而且对环境十分友好，在杀菌活性范围内不会对所防治植物产生药害和对非靶标生物产生毒害，也不会对人体产生不利影响[1]。

日本组合化学工业株式会社为研制对晚疫病与霜霉病具有防治效果的杀菌剂，对氨基酸类杀菌剂进行了深入的研究，在专利JP6157499中活性较好的化合物基础上，利用生物等排理论，以苯并呋喃代替苯环使新的化合物生物活性大大提高。在此化合物的基础上将三种药效团进行修饰、改造和优化[2]。图3-1是苯噻菌胺的开发路线，最后得到对晚疫病、霜霉病有良好效果的化合物苯噻菌胺，由于该化合物对真菌性病害中的晚疫病、霜霉病有良好的预防杀菌效果且水溶性良好，最终选择该化合物作为最佳产品进行生产销售[3]。

3.1.2 苯噻菌胺的合成路线

苯噻菌胺的合成路线经过很多学者验证和改良，经过长期的优化确定了两条稳定且收率高的合成路线。

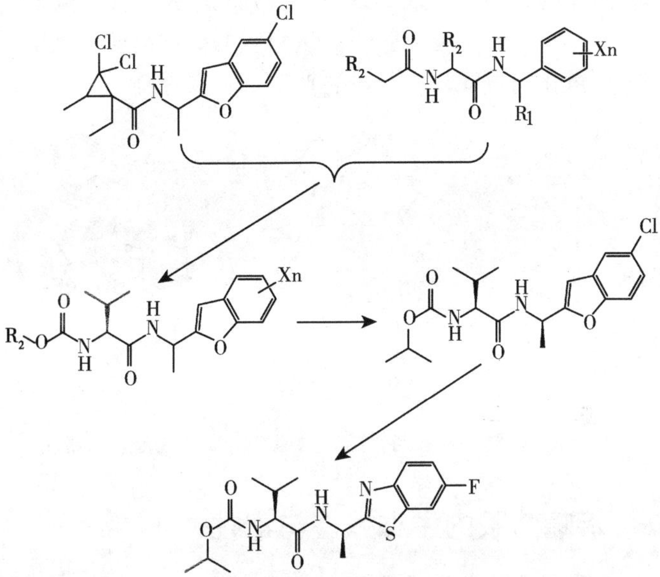

图 3-1　苯噻菌胺开发沿革

苯噻菌胺的一条合成路线如图 3-2 所示，以廉价的 2,4-二氟硝基苯为起始原料进行合成，经过巯基化、硝基的还原、关环等实验操作，再和氨基酸二肽反应，最后得到苯噻菌胺[4]。

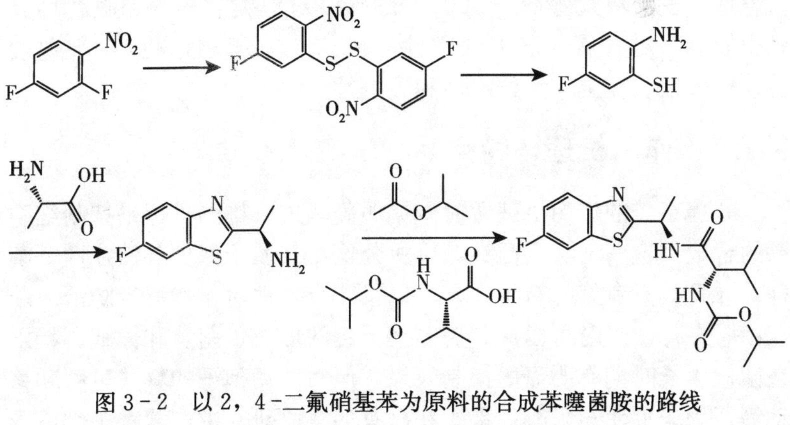

图 3-2　以 2,4-二氟硝基苯为原料的合成苯噻菌胺的路线

苯噻菌胺的另一条合成路线如图 3-3 所示，以对氟苯胺和氰酸铵为初始原料合成苯噻菌胺[5]。该路线的操作简便，无论是实验室还是工厂量化均可实现，是高生产量的重要保障。

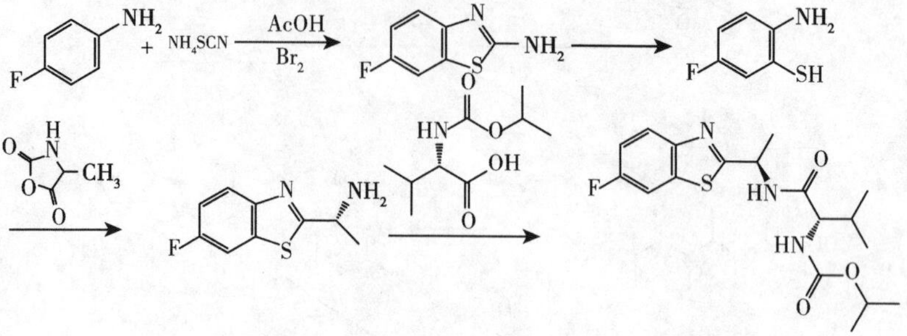

图 3-3　以对氟苯胺与氰酸铵为原料合成苯噻菌胺的路线

3.1.3　苯噻菌胺的生态效应与毒性

（1）生态效应　鱼类的致死中浓度＞10 mg/L，水蚤的致死中浓度＞10 mg/L，藻类致死中浓度＞100 mg/L，蜜蜂的致死中浓度＞10 μg/只，蚯蚓致死中浓度＞1 000 mg/L，鸟类急性经口半数致死量＞2 000 mg/L。

（2）毒性　大、小鼠急性经口半数致死量＞5 000 mg/kg；大鼠急性经皮半数致死量＞2 000 mg/kg。对兔类的皮肤和眼睛均无刺激效应，对豚鼠皮肤无致敏性。在 Ames 诱发性试验中呈现阴性，对大鼠和兔类均无致畸性和致癌性。

3.1.4　作用机理与特点

苯噻菌胺的作用机理暂时未见明确阐述，推测机理是抑制细胞壁的合成，这一说法现已被业界所公认，其属于保护兼治疗性杀菌剂，并且具有良好的持续性，可以长期有效地对作物进行防治。苯噻菌胺在低浓度时可以抑制病菌孢子囊的形成、萌发和休眠。特别在菌丝生长时期有明显的抑制效果，但对游动孢子的释放过程和移动等行为未见明显影响效果。在已有的实验研究中，苯噻菌胺不影响核酸与蛋白质的生物活性[6]。在对酰胺类杀菌剂、甲氧基丙烯酸酯类产生抗性的马铃薯晚疫病与瓜类霜霉病中使用有良好的防治效果，推测其与这两类杀菌剂作用机制不同，具体的杀菌活性作用机理尚未见报道。

3.2　苯噻菌胺对 HSA 紫外吸收光谱的影响

在 300 K 条件下记录了 200～500 nm 范围内的紫外-可见光吸收光谱（UV‑vis）。使用不含 HSA 的相应浓度 PBS 作为对照。HSA 溶液的浓度为 1×10^{-5} M，然后添加苯噻菌胺（0～7×10^{-5} M），在 300 K 条件下水浴 3 min。

如图 3‑4 所示，HSA 在 214 nm 和 277 nm 处显示两个吸收峰。在 214 nm 附近的荧光强度强吸收峰反映了 HSA 肽骨架结构的吸收，而在 277 nm 附近的荧光弱吸收峰则是由芳香族氨基酸（Trp，Tyr 和 Phe）引起的[7]。

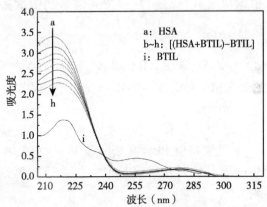

图 3‑4　不同浓度苯噻菌胺与人血清白蛋白的紫外可见光谱
HSA. 人血清白蛋白　BTIL. 苯噻菌胺　a. 1.0×10^{-5} M HSA　b～h. 在 1.0×10^{-5} M HSA 下分别加入 1×10^{-5}、2×10^{-5}、3×10^{-5}、4×10^{-5}、5×10^{-5}、6×10^{-5}、7×10^{-5} M 苯噻菌胺　i. 7×10^{-5} M 苯噻菌胺
注：pH=7.4，T=300 K

随着苯噻菌胺浓度的增加，峰在 214 nm 处的 UV‑vis 吸收信号降低，并伴随红移现象，最大吸收波长从 214 nm 红移至约 216 nm，这表明肽骨架周围的微环境极性增加[8]。可以看出，在 277 nm 处的峰的吸收信号没有明显改变，这表明芳香族氨基酸周围微环境没有明显改变。

动态猝灭和静态猝灭可以通过紫外可见光谱来区分。动态猝灭仅影响荧光团的激发态，而不影响荧光团的吸收光谱。基态复合物的形成导致荧光的吸收光谱连续变化。因而可以初步确定，苯噻菌胺对 HSA 的荧光猝灭是由静态猝灭引起的。

3.3　苯噻菌胺对 HSA 普通荧光光谱的影响

实验记录发射光谱在 300～500 nm 范围内，激发波长为 280 nm。激发波长和发射波长之间的狭缝宽度设为 15 nm。分别在 290 K、300 K 和 310 K 条件下预热 3 min 后，记录了一系列测定样品的荧光信号。并根据以公式（3‑1）对荧光信号的内滤效应进行了校正：

$$F_{cor} = F_{obs} \exp[(A_{ex} + A_{em})/2] \qquad (3‑1)$$

式（3‑1）中，F_{cor} 和 F_{obs} 分别是校正后的蛋白产生荧光信号值和观察到的荧光信号值。A_{ex} 和 A_{em} 分别是系统在激发波长和发射波长处的蛋白吸光度。

在蛋白质分子中，具有可以产生荧光强度的氨基酸残基是色氨酸残基、酪氨酸残基和苯丙氨酸残基，而 HSA 中的氨基酸残基所产生的固有荧光几乎仅是位于 214 位的色氨酸残基产生的。

在加入苯噻菌胺的情况下测定 HSA 的荧光发射光谱，确定了苯噻菌胺在 310 K 下对 HSA 的作用。如图 3‑5 所示，加入苯噻菌胺后，HSA 的荧光信号降低。这表明 HSA 的荧光强度被苯噻菌胺猝灭。

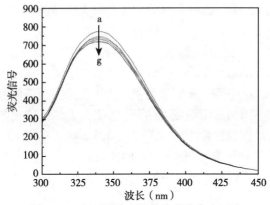

图 3 - 5　在不同浓度的苯噻菌胺存在下人
血清白蛋白的荧光发射光谱

a～g. 在 1.0×10^{-6} M 人血清白蛋白下，分别加入 0 、1×10^{-6}、
2×10^{-6}、4×10^{-6}、6×10^{-6}、8×10^{-6}、10×10^{-6} M 苯噻菌胺
注：pH=7.4，T=310 K

3.4　猝灭机制研究

猝灭方式有两种：动态猝灭方式和静态猝灭方式，这两种不同的猝灭方式可以通过它们对温度的不同依赖程度来进行区分。在温度越高的状态下，分子扩散速率越快，并且将产生更强的动态猝灭效果。在环境温度高时，通常会导致结合能力弱的复合物解离，从而导致较少的静态猝灭[9]。在结合过程中，无论是静态猝灭方式还是动态猝灭方式，F_0/F 与 $[Q]$ 之间都存在一种确定的数据线性关系。用 Stern - Volmer 方程分析实验得到的荧光猝灭数据，以阐明蛋白猝灭机理[10]：

$$F_0/F = 1 + K_{sv}[Q] = 1 + K_q \tau_0 [Q] \qquad (3-2)$$

式（3-2）中，F_0 和 F 所代表的分别是在不存在和存在猝灭剂的情况下的蛋白产生的荧光信号；K_{sv} 是蛋白 Stern - Volmer 的猝灭常数；K_q 是生物分子的猝灭速率常数；τ_0 是没有猝灭剂的生物蛋白分子的平均寿命（约 10^{-8} s）；$[Q]$ 是猝灭剂的浓度。K_q 值可用于确定猝灭机理。生物蛋白大分子上各种猝灭剂猝灭的最大动态猝灭速率常数为 2.0×10^{10} L·mol^{-1}·s^{-1}。当 K_q 大于 2.0×10^{10} L·mol^{-1}·s^{-1}时，通常属于静态猝灭；否则，它属于动态猝灭[11]。

Stern - Volmer 图显示在图 3 - 6 中，K_{sv} 值计算在表 3 - 1 中。可以看出 Stern - Volmer 猝灭常数随着温度升高而下降并且幅度明显，并且在不同的三个温度下的 K_q 值都大于各种猝灭剂对生物大分子的最大扩散碰撞速常数（2×10^{10} L·mol^{-1}·s^{-1}）。

这表明苯噻菌胺与 HSA 结合的猝灭机理是由复合物的形成而不是由动态碰撞引起的[12]。这与上文 3.2 节的紫外可见光谱的结论是一致的。

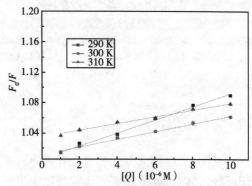

图 3 - 6　不同温度下苯噻菌胺猝灭人血清
白蛋白荧光的 Stern - Volmer 图

[Q]. 猝灭剂苯噻菌胺浓度　F_0. 猝灭剂不存在时的荧光信号　F. 猝灭剂存在时的荧光信号

注：pH=7.4

表 3 - 1　不同温度苯噻菌胺对人血清白蛋白的
Stern - Volmer 猝灭常数和猝灭速率常数

pH	T（K）	K_{sv}（10^3 M^{-1}）	K_q（10^{11} M^{-1}·s^{-1}）	R
	290	8.66 ± 0.23	8.66	0.9968
7.4	300	5.14 ± 0.19	5.14	0.9929
	310	4.41 ± 0.18	4.41	0.9918

注：T 为绝对温度，K_{sv} 为猝灭常数，K_q 为猝灭速率常数，R 为相关系数。

3.5　结合位点数和结合常数确定

对于静态过程，可以使用公式（3-3）计算结合常数（K_a）和 HSA 与苯噻菌胺之间的结合位点数[13]。

$$\lg[(F_0-F)/F] = \lg K_a + n\lg[Q] \qquad (3-3)$$

式（3-3）中 F_0 是 HSA 的相对荧光信号；F 是 HSA 与苯噻菌胺的相对荧光信号；K_a 是结合常数；n 是结合位点的数目；$[Q]$ 是苯噻菌胺的浓度[14]。

根据该公式，在图 3-7 中获得 $\lg[(F_0-F)/F]$ —$\lg[Q]$ 曲线的截距和斜率，并获得了不同温度下的结合常数和结合位点数。

从表 3-2 中可以看出，苯噻菌胺与 HSA 的结合位点数量相对较少，在 290 K、300 K 和 310 K 时的结合常数分别为 7.965×10^2 M^{-1}、0.719×10^2 M^{-1} 和 0.032×10^2 M^{-1}。HSA 与苯噻菌胺的结合常数和结合位点数目均很小，这可能是它们之间的结合能力低导致的[15]。

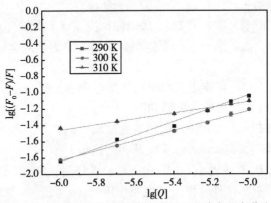

图 3-7　不同温度下苯噻菌胺猝灭人血清白蛋白荧光
的 $\lg[(F_0-F)/F]$ 对 $\lg[Q]$ 图

$[Q]$. 猝灭剂苯噻菌胺浓度　F_0. 猝灭剂不存在时的荧光信号　F. 猝灭剂存在时的荧光信号

注：pH＝7.4

表 3-2 不同温度苯噻菌胺与人血清白蛋白上的结合常数和结合位点数

pH	T (K)	K_a (10^2 M^{-1})	n	R
	290	7.965±0.335	0.790±0.003	0.995 7
7.4	300	0.719±0.136	0.601±0.004	0.998 6
	310	0.032±0.003	0.324±0.007	0.984 4

注：T 为绝对温度，K_a 为结合常数，n 为结合位点数，R 为相关系数。

3.6 热力学分析和相互作用力类型

生物蛋白大分子与药物小分子之间的相互作用的结合方式是弱的分子间相互作用，包括氢键、范德华力、静电作用和疏水作用。根据不同温度下蛋白与苯噻菌胺的结合常数变化，利用 Van't Hoff 方程获得配体小分子与血清白蛋白相互作用的热力学常数，并判断两者相互作用的主要类型[16]。

$$\ln K = -\Delta H^0/RT + \Delta S^0/R \qquad (3-4)$$
$$\Delta G^0 = \Delta H^0 - T\Delta G^0 \qquad (3-5)$$

在式（3-4）中，常数 K 代表在相应温度下的结合常数。

判断蛋白生物大分子与配体小分子结合力的热力学规则大致分为六种：

（1）$\Delta S > 0$，可能是疏水作用和静电作用。

（2）$\Delta S < 0$，可能是氢键和范德华力。

（3）$\Delta H > 0$，$\Delta S > 0$，是典型的疏水力。

（4）$\Delta H < 0$，$\Delta S < 0$，是氢键和范德华力。

（5）$\Delta H \approx 0$ 或更小，$\Delta S > 0$，是静电作用。

（6）$\Delta H < 0$，静电作用是主要作用力。

根据 Van't Hoff 方程，$\ln K$ 与 $1/T$ 的关系曲线如图 3-8 所示。分别根据得到的方程的斜率和截距可得到 ΔG^0、ΔH^0 和 ΔS^0。如表 3-3 所示，ΔG^0，ΔH^0，ΔS^0 为负，数据表明了苯噻菌胺与 HSA 间的相互作用的结合是自发进行的，两者的结合方式主要是氢键和范德华力[17]。

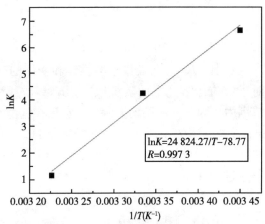

图 3 - 8　根据 Van't Hoff 方程做 lnK 对 1/T 的关系图

K. 结合常数　T. 绝对温度

注：pH＝7.4

表 3 - 3　不同温度下苯噻菌胺和人血清白蛋白之间相互作用的热力学参数

pH	T (K)	ΔG^0 (KJ·mol$^{-1)}$	ΔH^0 (KJ·mol^{-1})	ΔS^0 (J·mol^{-1}·K^{-1})
	290	−164.59		
7.4	300	−99.09	−206.39	−654.93
	310	−33.60		

注：ΔG 为吉布斯自由能变化，ΔH 为焓变，ΔS 为熵变。

3.7　非辐射能量转移和结合距离

Förster 能量转移理论可以解释苯噻菌胺和 HSA 之间的非辐射能量转移，并且可以用于确定苯噻菌胺和氨基酸残基之间的结合距离。苯噻菌胺与血清白蛋白间的能量传递效率 E，能量供体和受体之间的距离 r 和能量传递距离 R_0 之间存在关系[18]。

$$E = 1 - F/F_0 = R_0^6/(R_0^6 + r^6) \qquad (3-6)$$

在式（3-6）传递效率的等式中，E 表示供体与受体之间的转移效率，r 为供体与受体之间的平均距离，R_0 为转移效率为 50% 时的临界距离。

$$R_0^6 = 8.79 \times 10^{-25} K^2 N^{-4} \varphi J \qquad (3-7)$$

在式（3-7）中，K^2 是与偶极子的供体和受体的几何形状有关的取向，对于在流体溶液中的随机取向，$K^2 = 2/3$[19]；N 是在光谱重叠的范围内的内介质的平均折射率，水和有机物的折射率平均值为 1.336；φ 是供体的量子产率，色氨酸在 HSA 中的量子产率约为 0.118[20]；J 是供体的发射光谱与受体的吸收光谱之间的光谱重叠，可以通过式（3-8）计算：

$$J = \sum F(\lambda)\varepsilon(\lambda)\lambda^4 \Delta\lambda / \sum F(\lambda)\Delta\lambda \qquad (3-8)$$

在式（3-8）中，$F(\lambda)$ 是在从 λ 到 $\lambda + \Delta\lambda$ 的波长范围内的供体的校正荧光信号，而 $\varepsilon(\lambda)$ 是在 λ 时受体的消光系数。

人血清白蛋白的荧光光谱与苯噻菌胺的吸收光谱重叠，如图 3-9 所示。经计算，$J = 1.06 \times 10^{-14} \text{ cm}^3 \cdot \text{L} \cdot \text{mol}^{-1}$，$r = 4.29 \text{ nm}$。由于 $r < 8$，苯噻菌胺和 HSA 之间发生了非辐射能量转移，这与静态猝灭机理的发生是一致的[21]。

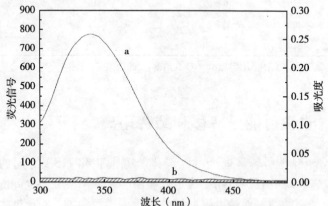

图 3-9　人血清白蛋白的荧光与苯噻菌胺吸收的重叠光谱
a. 1×10^{-6} M 人血清白蛋白　b. 1×10^{-6} M 苯噻菌胺
注：pH=7.4，T=310 K

3.8　苯噻菌胺对人血清白蛋白构象的影响

3.8.1　同步荧光光谱研究

通过同时扫描激发和发射光谱，在不存在和存在不同浓度的苯噻菌胺的情况下，记录了 HSA 的同步荧光光谱，范围为 200～400 nm。波长间隔 $\Delta\lambda$ 分别设置为 15 nm 和 60 nm[22]。

同步荧光光谱的荧光信号值可以反映苯噻菌胺对蛋白质构象的影响。$\Delta\lambda=15$ nm 的同步荧光光谱只能显示酪氨酸残基的荧光，而 $\Delta\lambda=60$ nm 的同步荧光光谱只能显示色氨酸残基的荧光。蛋白质构象的变化可以通过发射波长的变化来判断，因为氨基酸残基的最大吸收波长与它们所处环境的极性有关。如图 3-10 所示，随着浓度的增加，苯噻菌胺可以使 HSA 酪氨酸和色氨酸残基的荧光强度降低。在 $\Delta\lambda=15$ nm 光谱下，最大荧光发射峰从 285 nm 红移变为约 287 nm；在 $\Delta\lambda=60$ nm 光谱下，最大荧光发射峰从 279 nm 红移变为约 283 nm。这些结果表明 HSA 中色氨酸和酪氨酸位置的极性增加。

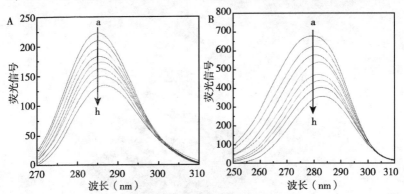

图 3-10　在没有和存在不同浓度苯噻菌胺的情况下
人血清白蛋白的同步荧光光谱

A. $\Delta\lambda=15$ nm　B. $\Delta\lambda=60$ nm　a～h. 2.5×10⁻⁶ M 人血清白蛋白，苯噻菌胺与人血清白蛋白比例为 0∶1、1∶1、5∶1、10∶1、15∶1、20∶1 和 25∶1
注：pH=7.4，$T=300$ K

3.8.2　三维荧光光谱研究

在实验中将激发波长的扫描范围设定为 200～380 nm，发射波长的扫描范围设定为 300～500 nm 时，记录没有和存在苯噻菌胺情况下 HSA 的三维荧光光谱。激发间隔为 20 nm，发射和激发的光谱带宽为 5 nm。

三维荧光也是研究蛋白质二级结构变化的有效方法。图 3-11 显示了在添加苯噻菌胺之前（A）和之后（A′）HSA 构象变化的三维荧光光谱[23]。峰 a 是瑞利散射峰，峰 1 主要显示色氨酸和酪氨酸残基的光谱特征，峰 2 主要表现出多肽骨架结构的荧光光谱行为[24]。加入苯噻菌胺后，峰 1 的荧光信号明显降低，这表明色氨酸和酪氨酸残基的微环境极性增加。

3.8.3　圆二色光谱研究

分别记录下加入苯噻菌胺前后的情况下，记录 200～300 nm 范

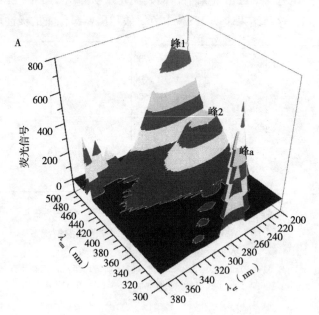

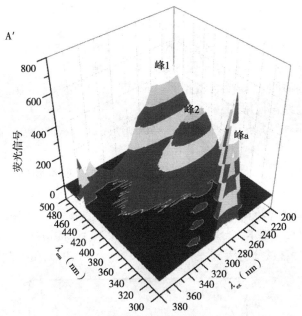

图 3-11　在不存在和存在苯噻菌胺的情况下人
血清白蛋白的三维荧光光谱

A. $1×10^{-6}$ M人血清白蛋白　A′. $1×10^{-6}$ M人血清白蛋白：$1×10^{-5}$ M苯噻菌胺

注：pH=7.4，T=300 K

围的 HSA（圆二色谱）CD 光谱，并在 310 K 下用 PBS 缓冲液
（pH=7.4）进行校正。HSA 的浓度为 $1×10^{-5}$ M 时，苯噻菌胺与
HSA 的比率设置为 0：1、1：1、5：1 和 10：1。

　　前文通过紫外可见光谱研究了苯噻菌胺对 HSA 构象的影响。
为了进一步探究苯噻菌胺对 HSA 结构变化的影响，使用圆二色光
谱研究了它们之间的相互作用[25]。从图 3-12 可以看出，HSA 在
208 nm 和 222 nm 处具有负的 Cotton 效应，这是典型的 α-螺旋结
构[26]。加入苯噻菌胺后，HSA 在 208 nm 和 222 nm 处的 Cotton 降
低了，但 HSA 的圆二色性形状没有改变。可以得出结论，系统中
的蛋白质二级结构仍以 α-螺旋结构为主。在公式（3-9）中的平
均残基摩尔椭圆率（MRE）通常用于表示蛋白质二向色性的

大小[27]：

$$MRE = \mathrm{ObservedCD(mdeg)}/(10G_{\mathrm{p}}nl) \qquad (3-9)$$

式（3-9）中，n 是蛋白质中氨基酸残基的数目（585）；l 是路径长度（1 mm）；C_{p} 是蛋白质的摩尔浓度[28]。

蛋白质的 α-螺旋含量是通过 MRE 值为 208 nm 时圆二色性计算的，最经常使用式（3-10）[29]：

$$\alpha\text{-Helix}(\%) = [(-MRE_{208} - 4\,000) \times 100]/(33\,000 - 4\,000)$$
$$(3-10)$$

式（3-10）中，MRE_{208} 是在 208 nm 处观察到的 MRE 值；4 000 是 208 nm 处随机线圈构象的 MRE 值；33 000 是纯 α-螺旋在 208 nm 处的 MRE 值。α-螺旋含量的计算结果呈下降趋势，在苯噻菌胺/HSA 摩尔比分别为 1∶1、5∶1 和 10∶1 的情况下，HSA 中的 α-螺旋含量分别从 53.98％降至 51.91％、49.97％和 47.35％。

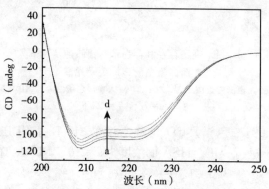

图 3-12　不同浓度苯噻菌胺存在下人血清白蛋白的圆二色光谱
a. 1×10⁻⁵ M人血清白蛋白　b~d. 1×10⁻⁵ M人血清白蛋白，苯噻菌胺与人血清白蛋白比例为 1∶1、5∶1 和 10∶1
注：pH=7.4，T=310 K

3.9　分子对接模拟

HSA 与苯噻菌胺的分子对接是通过 AutoDock4.2 完成的。从蛋白质数据库下载了分辨率为 3.23 Å 的 HSA（PDB ID：4K2C）的三维结构[30]。使用构图软件绘制苯噻菌胺结构并且将其转换为 3D 模型。通过去除水分子并添加必需的氢原子等操作对蛋白质进行预处理。然后，将苯噻菌胺的 3D 模型和 HSA 的 3D 结构用于半柔性对接。配体分子的初始位置、方向和扭转是随机设定的。使用 Autogrid 程序生成了 126×126×126 Å 网格点和 0.6 Å 间距的网格图，其中整个 HSA 结构都包含在 GridBox 中[31]。用 Lamarck 遗传算法（LGA）搜索构象比对，进行 100 次对接计算，并结合相关实验确定最佳构象。

　　为了进一步研究苯噻菌胺与 HSA 的结合模式，运用分子对接技术从理论角度阐述了苯噻菌胺对 HSA 构象的影响。对 HSA 和苯噻菌胺进行半柔性对接，并且 GridBox 设置为包括 HSA 的整个空间结构。为了获得最佳结合模式的信息，基于前文 3.7 节计算出的苯噻菌胺和 HSA 之间的结合距离（42.9 Å），从 100 种构象中选择了最佳对接模型。在我们选择的对接模型中，化合物在 HSA 上的结合位置与色氨酸之间的距离为 4.16 nm（41.6 Å）。如图 3-13 所示，苯噻菌胺结合到 HSA 三维晶体结构的疏水腔的中上部，并位于由氨基酸 TYR138、TYR161、MET123、LYS137、ARG117、GLU141、ARG145、PRO113、PHE134、PRO118、VAL116、ARG114 与 LEU115 形成的口袋中。从图 3-14 可以得出，苯噻菌胺与残基 VAL116 形成两个氢键，距离分别为 0.2 nm（2.0 Å）和 0.23 nm（2.3 Å）。

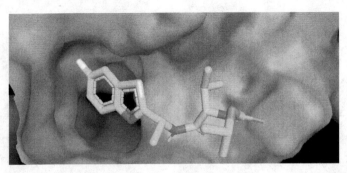

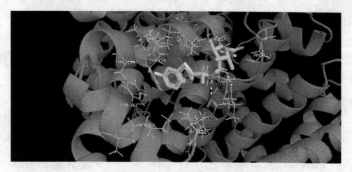

图 3-13　苯噻菌胺与人血清白蛋白的分子模拟图

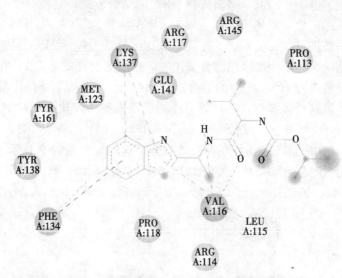

图 3-14　苯噻菌胺与 HSA 分子模拟二维图

3.10　结论

在本研究中，采用多种光谱和分子对接方法研究了苯噻菌胺与 HSA 之间的相互作用。在 209 K、300 K 和 310 K 三种不同温度下的结合常数分别为 7.965×10^2 M^{-1}、0.719×10^2 M^{-1}、$0.032 \times$

10^2 M^{-1}。苯噻菌胺和 HSA 之间相互作用机制是静态猝灭，主要作用力是氢键和范德华力。苯噻菌胺的加入使 HSA 的 α-螺旋含量降低。苯噻菌胺在 HSA 上的结合位置和色氨酸之间的距离（r）为 42.9 Å。分子对接结果表明，苯噻菌胺位于 HSA 疏水腔的远端，与 HSA 的结合能力低。这可能是苯噻菌胺对人类和动物低毒性的重要机制。

参考文献

[1] 刘长令. 世界农药大全：杀菌剂卷 [M]. 北京：化学工业出版社，2006：255-259.

[2] Sakai J, Miura I, Shibata M, et al. Development of a New Fungicide, Benthiavalicarb - isopropyl [J]. Journal of Pesticide Science, 2010, 35 (4)：488-489.

[3] Fumitaka Y, Shigehisa I, Katsumi T, et al. N - (1 - Substituted ethyl) - 2, 2 - dichlorocyclopropane Carboxamide Derivative and Germicide for Agricul Ture and Horticul Ture：JP, 6157499 [P]. 1994-06-03.

[4] 白有银. 新型杀菌剂苯噻菌胺及类似物的合成研究 [D]. 哈尔滨：黑龙江大学，2014.

[5] Keisuke I, Shizuo K. Process of preparing amic acid esters：US 2003032667 [P]. 2003-02-13.

[6] 刘利利，张丽娟，蒋选丽，等. 苯噻菌胺的合成 [J]. 农药，2010，49 (3)：174-178.

[7] Dezhampanah H, Esmaili M, Khorshidi A. Milk β- casein as a vehicle for delivery of bis (indolyl) methane：spectroscopy and molecular docking studies [J]. Journal of Molecular Structure, 2017, 1136：50-58.

[8] He W Y, Shu H M, Hu Z D. Spectroscopy and application of the interaction of small molecules and proteins [M]. Beijing：Science Press, 2012.

[9] Ma J Y, Chen K H, Zheng X F, et al. Spectroscopy study on the interaction of colchicine and human serum albumin [J]. Spectroscopy and Spectral Analysis, 2007, 27 (12)：2485-2489.

[10] Zhang G W, Zhao N, Wang L. Probing the binding of vitexin to human

serum albumin by multispectroscopic techniques [J]. Journal of Luminescence, 2011, 131 (5): 880 - 887.

[11] Soltanabadi O, Atri M S, Bagheri M. Spectroscopic analysis, docking and molecular dynamics simulation of the interaction of cinnamaldehyde with human Serum albumin [J]. Journal of Inclusion Phenomena and Macrocyclic Chemistry, 2018, 91 (3 - 4): 189 - 197.

[12] Karami K, Rahimi M, Zakariazadeh M, et al. A novel silver (Ⅰ) complex of α - keto phosphorus ylide: synthesis, characterization, crystal structure, biomolecular interaction studies, molecular docking and in vitro cytotoxic evaluation [J]. Journal of Molecular Structure, 2019, 1177: 430 - 443.

[13] Balaei F, Ghobadi S. Hydrochlorothiazide binding to human serum albumin induces some compactness in the molecular structure of the protein: a multi - spectroscopic and computational study [J]. Journal of Pharmaceutical and Biomedical Analysis, 2018, 162: 1 - 8.

[14] Xu L, Hu Y X, Li J, et al. Probing the binding reaction of cytarabine to human serum albumin using multispectroscopic techniques with the aid of molecular docking [J]. Journal of Photochemistry and Photobiology B: Biology, 2017, 173: 187 - 195.

[15] Chi Z X, Liu R T. Phenotypic characterization of the binding of tetracycline to human serum albumin [J]. Biomacromolecules, 2011, 12 (1): 203 - 209.

[16] Dong C Y, Xu J, Zhou S S, et al. Spectroscopic and molecular modeling studies on binding of fleroxacin with human serum albumin [J]. Spectroscopy and Spectral Analysis, 2017, 37 (1): 327 - 332.

[17] Tang B, Huang Y M, Ma X L, et al. Multispectroscopic and docking studies on the binding of chlorogenic acid isomers to human serum albumin: effects of esteryl position on affinity [J]. Food Chemistry, 2016, 212: 434 - 442.

[18] He W Y, Li Y, Xue C X, et al. Effect of Chinese medicine alpinetin on the structure of human serum albumin [J]. Bioorganic & Medicinal Chemistry, 2004, 13 (5): 1837 - 1845.

[19] Gan N, Sun Q M, Tang P X, et al. Determination of interactions be-

tween human serum albumin and niraparib through multi - spectroscopic and computational methods [J]. Spectrochimica Acta Part A: Molecular and Biomolecular Spectroscopy, 2019, 206: 126 - 134.

[20] Gao X, Bi H N, Zuo H J, et al. Interaction of residue tetracycline hydro-chloride in milk with β - galactosidase protein by multi - spectrum methods and molecular docking [J]. Journal of Molecular Structure, 2017, 1141: 382 - 389.

[21] Rabbani G, Baig M H, Lee E J, et al. Biophysical study on the interac-tion between eperisone hydrochloride and human serum ulbumin using spectroscopic, calorimetric, and molecular docking analyses [J]. Molec-ular Pharmaceutics, 2017, 14 (5): 1656 - 1665.

[22] Xu H L, Yao N N, Xu H R, et al. Characterization of the interaction be-tween eupatorin and bovine serum albumin by spectroscopic and molecular modeling methods [J]. International Journal of Molecular Sciences, 2013, 14 (7): 14185 - 14203.

[23] Chen L B, Wu M H, Lin X C, et al. Study on the interaction between human serum albumin and a novel bioactive acridine derivative using opti-cal spectroscopy [J]. Luminescence, 2011, 26 (3): 172 - 177.

[24] Pu H L, Jiang H, Chen R R, et al. Studies on the interaction between vincamine and human serum albumin: a spectroscopic approach [J]. Lu-minescence, 2014, 29 (5): 471 - 479.

[25] Salci A, Toprak M. Spectroscopic Investigations on the binding of pyronin Y to human serum albumin [J]. Journal of Biomolecular Structure and Dynamics, 2017, 35 (1): 8 - 16.

[26] Nair M S. Spectroscopic study on the interaction of resveratrol and pterostilbene with human serum albumin [J]. Journal of Photochemistry and Photobiology B: Biology, 2015, 149: 58 - 67.

[27] Xu L, Hu Y X, Li Y C, et al. Study on the interaction of tussilagone with human serum albumin (HSA) by spectroscopic and molecular doc-king techniques [J]. Journal of Molecular Structure, 2017, 1149: 645 - 654.

[28] Peng X, Sun Y H, Qi W, et al. Study of the Interaction Between Coen-zyme Q 10 and Human Serum Albumin: Spectroscopic Approach [J].

Journal of Solution Chemistry，2014，43（3）：585－607.

[29] Pan X R，Qin P F，Liu R T，et al. Characterizing the Interaction be-tween Tartrazine and Two Serum Albumins by a Hybrid Spectroscopic Approach [J]. Journal of Agricultural and Food Chemistry，2011，59（12）：6650－6656.

[30] Wang W J，Gan N，Sun Q M，et al. Study on the interaction of ertugli-flozin with human serum albumin in vitro by multispectroscopic methods，molecular docking，and molecular dynamics simulation [J]. Spectro-chimica Acta Part A：Molecular and Biomolecular Spectroscopy，2019，219：83－90.

[31] Li X R，Yang Z H. Interaction of oridonin with human serum albumin by isothermal titration calorimetry and spectroscopic techniques [J]. Chemi-co－Biological Interactions，2015，232：77－84.

第4章 泽兰黄素、桃叶珊瑚 苷与牛血清白蛋白结 合研究

4.1 泽兰黄素与牛血清白蛋白相互作用研究

4.1.1 泽兰黄素概述

黄酮是一类天然化合物，具有抑制肿瘤细胞增殖、抗氧化、抗炎等多种生理学功能。过去几十年的大量研究表明，黄酮类化合物对人类细胞生理和基因表达具有多种影响[1-2]，特别是在肿瘤抑制和治疗领域的功效更是引起人们的极大兴趣，其中，泽兰黄素（eupatorin，结构如图4-1所示）的研究受到国内外研究人员的广泛关注。泽兰黄素对 MCF-7、MDA-MB-468、MK-1、He-La、B16F10 和 A431 细胞等多种癌细胞具有显著的抑制效应[1-4]。研究表明，亚微摩尔级浓度的泽兰黄素就能够强烈地抑制 MDA-MB-468 细胞增殖。更值得关注的是，泽兰黄素对癌细胞和正常细胞具有很好的选择性，是一种极具开发价值潜力的化学抑制剂，很可能为解决化疗药物的细胞毒性问题开辟一条全新的途径[2]。泽兰黄素抑制肿瘤细胞增殖的机制是它能够使有丝分裂检验点失活，进而形成多倍性和细胞凋亡[5]。

目前，泽兰黄素研究主要应用在人类抗癌领域，它被称为抗增殖和抗有丝分裂的类黄酮。然而其作用位点细胞色素 P450 存在于各种生物中，细胞色素 P450 是一个古老的以血红素为辅基的 B 族

细胞色素蛋白酶基因超家族，广泛存在于细菌、真菌、植物以及动物等各种生物体内。所以合理推测泽兰黄素可能对农业上的昆虫、真菌或杂草也有一定抑制作用。

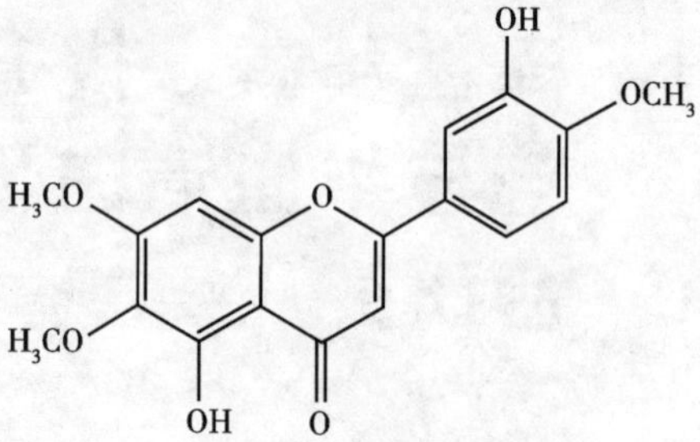

图 4-1　泽兰黄素的化学结构式

　　泽兰黄素具有多种生理功能，受到广泛关注。然而，以往关于泽兰黄素的大量研究主要集中在它的分离、鉴定和细胞功能方面，关于泽兰黄素与蛋白质相互作用研究未见报道。在本研究中，应用紫外-可见光谱、荧光光谱、圆二色谱和分子模拟等方法，在体外生理条件下，对泽兰黄素与 BSA 的相互作用进行了表征。通过荧光光谱得到了结合常数、结合位点数、结合力和结合距离等参数。为了得到更为精准的数据，我们排除了影响计算结合参数的荧光内滤效应。通过上述方法进一步研究了泽兰黄素对 BSA 构象的影响。此外，应用分子对接技术研究了参与此过程的特殊化学基团，并在分子水平上预测二者结合后的复合物的相互作用。本研究得到精确而全面的数据将有助于阐明泽兰黄素与 BSA 相互作用机制，也将有助于人们更好地理解泽兰黄素对蛋白质的生物学效应以及在药理学和药代动力学方面的效应。

4.1.2　紫外光谱学实验

　　在存在和缺乏泽兰黄素时，测量 BSA 的紫外-可见光谱，测量范围是 $200 \sim 500$ nm。BSA 的浓度固定在 1.0×10^{-5} M，泽兰黄素初始浓度为 1.0×10^{-3} M。向 BSA 中依次手动滴加等体积的泽兰黄素，溶液平衡 5 min 之后记录吸光度值。

紫外吸收光谱是一种用于研究物质结构变化，探究复合物形成的简单而有效的方法[6-7]。众所周知，动态猝灭机制只影响荧光基团的发射光谱，而几乎不影响其吸收光谱[8]。为了初步确定泽兰黄素对 BSA 荧光猝灭的猝灭机制，我们分别测定了［BSA］、［eupatorin］、［BSA＋eupatorin］和［（BSA＋eupatorin）- eupatorin］的紫外吸收光谱。如图 4 - 2 所示，BSA 在大约 220 nm 和 280 nm 处有两个吸收峰。220 nm 处的强烈吸收峰反映 BSA 肽链骨架信息，而 280 nm 处的吸收峰是由芳香族氨基酸（Trp，Tyr 和 Phe）产生的。这些结果与其他研究结果类似[9-12]。泽兰黄素分别在 220 nm 和 340 nm 处有明显的吸收峰。随着泽兰黄素加到 BSA 溶液中，BSA 的 220 nm 处吸收峰强度明显改变，并伴随约为 2 nm 的红移，这表明，泽兰黄素改变了 BSA 肽键周围的微环境。这些结果表明泽兰黄素与 BSA 之间存在相互作用。BSA 在 280 nm 处的吸收光谱未发生移动，表明 BSA 与泽兰黄素结合后，没有明显改变 BSA 的芳香族氨基酸残基的微环境极性。总之，BSA - 药物复合物通过静态猝灭机制形成，这导致了 BSA 紫外光谱的变化[8]，同时，它们的相互作用改变了 BSA 的二级结构。

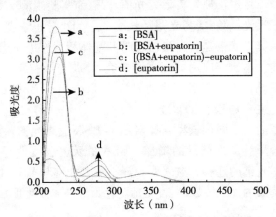

图 4 - 2 泽兰黄素作用的 BSA 紫外-可见吸收光谱

注：$C_{BSA} = C_{eupatorin} = 1.0 \times 10^{-5}$ M

4.1.3 BSA 荧光猝灭研究

在本试验中，使用体积为 3.0 ml、光程路径为 1 cm 石英池，BSA 溶液浓度固定为 1.5×10^{-7} M，向其中连续准确滴加浓度为 2.0×10^{-4} M 的泽兰黄素，手动滴定 5 min 后测量在三个不同温度 (288 K，298 K 和 308 K) 条件下的 BSA 荧光光谱。激发波长为 280 nm，扫描范围是 290～500 nm，激发和发射带宽均为 5 nm，并记录扫描数据。每组样品至少扫描三次，每个光谱为至少三个扫描的平均值。为了避免重新吸收和内滤效应，根据下面的方程对荧光强度进行校正[13-14]：

$$F_{cor} = F_{obs} \exp[(A_{ex} + A_{em})/2] \tag{4-1}$$

式 (4-1) 中，F_{cor} 和 F_{obs} 分别是校正和观测的荧光强度值，A_{ex} 和 A_{em} 分别是激发波长和发射波长处的吸光度。

由于泽兰黄素小分子自身有紫外吸收 (图 4-2)，为了排除小分子自身紫外吸收对蛋白质荧光数据的影响，所有荧光数据又使用下面公式进行计算[15-16]：

$$F = F_u e^{-2.303 \varepsilon I L_0} \tag{4-2}$$

式 (4-2) 中，F 为实际荧光值，F_u 为实验观测荧光值，ε 为小分子摩尔吸光系数，I 为光路径长度，L_0 为小分子浓度。

目前，荧光光谱是研究蛋白质与其配体相互作用应用最广泛的方法。因此，本研究应用荧光光谱研究 BSA 与泽兰黄素的相互作用。一般来说，BSA 的荧光主要是源于 Trp、Tyr 和 Phe 残基，而其内源荧光主要是源于 Trp 残基[17]。

测定了加入不同剂量泽兰黄素后的 BSA 荧光光谱，如图 4-3 所示。随着泽兰黄素剂量的增加，BSA 的荧光强度明显减小，并且未见发射光谱的迁移。这表明，泽兰黄素能够与 BSA 相互作用，随着泽兰黄素的加入，BSA 的荧光发色团极性未发生明显变化。

4.1.4 猝灭机制的分析

通常根据对温度的依赖特异性，荧光猝灭机制分为静态猝灭和

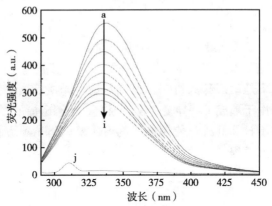

图 4-3 不同浓度泽兰黄素作用下的 BSA 荧光光谱

a. 3.0×10^{-7} M BSA   b~i. 3.0×10^{-7} M BSA, 2.0×10^{-7}、4.0×10^{-7}、6.0×10^{-7}、8.0×10^{-7}、10.0×10^{-7}、12.0×10^{-7}、14.0×10^{-7}、16.0×10^{-7} M 泽兰黄素 j. 15.0×10^{-7} M eupatorin

注：$\lambda_{ex} = 280$ nm, $T = 298$ K, pH $= 7.4$

动态猝灭两种类型。高温会导致分子扩散速度加快，大量的碰撞猝灭，这通常会导致结合较弱、静态猝灭程度很低的复合物解离[17]。因此，随着温度的升高，对于动态猝灭机制来说，猝灭常数会增加；而对于静态猝灭机制来说，猝灭常数会降低。各类猝灭剂对生物分子的最大扩散碰撞猝灭常数是 2.0×10^{10} mol^{-1} · s^{-1}[18]。进一步通过荧光猝灭的温度依赖特异性确定泽兰黄素导致 BSA 荧光猝灭的机制，使用 Stern - Volmer 方程分析相关数据[19]：

$$F_0/F = 1 + K_{SV}[Q] = 1 + k_q \tau_0 [Q] \qquad (4-3)$$

式（4-3）中，F_0 和 F 分别是蛋白质自身和存在猝灭剂时蛋白质的稳态荧光强度值；$[Q]$ 代表猝灭剂浓度；k_q 是生物大分子的猝灭速率常数；τ_0 是没有猝灭剂时，蛋白质分子的平均荧光寿命，数量级为 10^{-8} s[20]；K_{SV} 是 Stern - Volmer 动态猝灭速率常数。

分析了三种不同温度时 BSA 的荧光数据，并且绘制了不同温度条件的 Stern - Volmer 曲线，如图 4-4 所示。从图 4-4 中可以看出，F_0/F 与 $[Q]$ 之间存在良好的线性关系，并且随着温度的增加，其斜率逐渐降低。由式（4-3）得到的三种不同温度条件下的 K_{sv} 和 K_q 值如表 4-1 所示。可以观察到，K_{sv} 和 K_q 值与温度呈负相关，而且 K_q 值远比最大扩散碰撞猝灭常数 2.0×10^{10} $mol^{-1}\cdot s^{-1}$ 大得多。由此可以推测，猝灭机制是由于泽兰黄素与 BSA 形成了复合物，而不是动态猝灭机制。也就是说，泽兰黄素引发的 BSA 荧光猝灭是由于形成了特异复合物，因此，动态碰撞的影响即使有也可以忽略不计。此外，使用修正的 Stern-Volmer 方程[21]进一步分析了猝灭过程：

$$\frac{F_0}{\Delta F} = \frac{F_0}{F_0 - F} = \frac{1}{f_a K_a} \frac{1}{[Q]} + \frac{1}{f_a} \qquad (4-4)$$

式（4-4）中，F_0 和 F 分别是没有和存在猝灭剂时的 BSA 荧光强度；ΔF 是 F_0 和 F 的荧光强度差；K_a 是荧光基团的有效猝灭常数，其与猝灭剂-受体体系的相关结合常数相似；$[Q]$ 是猝灭剂的浓度；f_a 是荧光分数。

如图 4-5 所示，以 $F_0/(F_0-F)$ 对 $[Q]^{-1}$ 作图得到的是直线。相关参数如表 4-2 所示。随着温度的升高，K_a 有下降趋势，这与 K_{sv} 对温度的依赖性一致，正好符合静态猝灭机制。这些结果表明，BSA 与泽兰黄素的结合能力随着温度的升高而降低。

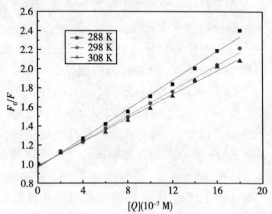

图 4-4　泽兰黄素在不同温度时猝灭 BSA 的 Stern-Volmer 图

注：$C_{BSA}=3.0\times10^{-7}$ M，$\lambda_{ex}=280$ nm，pH=7.4

表 4-1 不同温度时的 BSA-泽兰黄素体系的 K_{sv} 和 K_q 值

pH	T (K)	K_{sv} ($10^5 M^{-1}$)	K_q ($10^{13} M^{-1} \cdot s^{-1}$)	相关系数
	288	7.60	7.60	0.994
7.4	298	6.63	6.63	0.996
	308	6.21	6.21	0.995

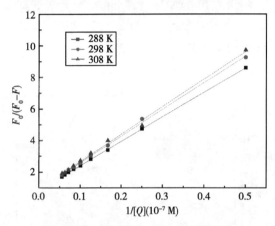

图 4-5 泽兰黄素在不同温度时作用 BSA 后的修正 Stern-Volmer 图

注：$\lambda_{ex}=280$ nm，pH$=7.4$

表 4-2 修正 Stern-Volmer 的结合常数 K_a 值

pH	T (K)	K_a ($10^5 M^{-1}$)	相关系数
	288	5.68	0.999
7.4	298	5.54	0.998
	308	5.39	0.996

4.1.5 结合常数和结合位点数的确定

对于静态猝灭，如果生物分子中有相似且独立的结合位点，则可应用下面的等式获得结合常数以及结合位点数[22]：

$$\lg[(F_0 - F)/F] = \lg K_b + n\lg[Q] \qquad (4-5)$$

式（4-5）中，K_b 是结合常数，n 是每个 BSA 的结合位点数，而二者可以通过式（4-5）分别测定 $\lg[F_0/(F_0 - F)]$ 对 $\lg[Q]$ 的二次回归曲线（图 4-6）的截距和斜率得到。计算得到的 K_b 和 n 的值如表 4-3 所示。

结合位点数 n 大约为 1，表明每个 BSA 分子能够结合一个泽兰黄素分子。随着温度的增加，K_b 和 n 值逐渐下降。这与上文提到的 K_{sv} 和 K_a 值与温度的关系相一致，这说明可能在结合过程中形成了不稳定的复合物，随着温度的增加，部分复合物发生了分解。

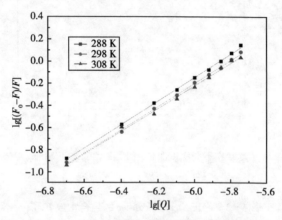

图 4-6　泽兰黄素在不同温度下猝灭 BSA 的
$\lg [F_0/ (F_0 - F)]$ 对 $\lg [Q]$ 图

注：$C_{BSA}=3.0\times10^{-7}$ M，$\lambda_{ex}=280$ nm，pH$=7.4$

表 4-3　不同温度下的结合常数 K_b 和结合位点数 n

pH	T (K)	K_b ($10^6 M^{-1}$)	n	相关系数
	288	1.679	1.062	0.998
7.4	298	1.230	1.048	0.998
	308	0.857	1.026	0.995

4.1.6 热力学分析和结合力类型的确定

在配体-蛋白质结合过程中，主要有四种类型的非共价相互作用力：氢键、范德华力、疏水作用和静电作用[23]。结合反应的热力学参数能够大致确定相互作用力类型。因此，分析温度依赖性的热力学参数可以探究泽兰黄素与 BSA 之间的作用力。如果焓变（ΔH^0）在所研究温度范围内变化很小，那么可以认为该反应的焓变是一个常数。那么，此时的焓变值（ΔH^0）和熵变值（ΔS^0）可以通过 Van't Hoff 公式（4-6）进行计算。这样，不同温度条件下的自由能变化（ΔG^0）可以通过公式（4-7）得出：

$$\ln K = -\Delta H^0/RT + \Delta S^0/R \qquad (4-6)$$

$$\Delta G^0 = \Delta H^0 - T\Delta S^0 \qquad (4-7)$$

其中，K 是相应温度条件下的结合常数；R 是气体常数；T 是绝对温度。ΔH^0 和 ΔS^0 分别是通过 Van't Hoff 公式，以 $\ln K$ 对 $1/T$ 作图得到的线性曲线的斜率和截距求得，如图 4-7 所示。

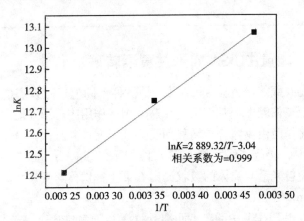

$\ln K = 2\,889.32/T - 3.04$
相关系数为=0.999

图 4-7 泽兰黄素与 BSA 相互作用的 Van't Hoff 图
注：$C_{BSA} = 3.0 \times 10^{-7}$ M，pH=7.4

ΔH^0，ΔS^0 和 ΔG^0 数值如图 4-4 所示。从表中可以得出，$\Delta H^0 = -24.02$ kJ·mol^{-1}，$\Delta S^0 = 25.31$ J·mol^{-1}·K^{-1}，这表明

泽兰黄素与 BSA 的结合过程是一种放热反应（ΔH^0 为负值）。从水分子的角度讲，ΔS^0 为正值通常表明药物-蛋白质相互作用中，疏水作用起主要作用[24]，因为药物和蛋白质周围排列整齐的水分子获得了更混乱的形态。因为 ΔH^0 几乎为零时是静电作用[25-26]，所以得到的负的焓变值不能主要归因于静电作用。因此，不能用单一的分子间作用力类型来解释热力学参数。总之，在 BSA -泽兰黄素结合中，疏水作用和静电作用最可能起主要作用，然而，也可能存在氢键[23]。同时，负的自由能值表明，泽兰黄素与 BSA 之间的结合是自发的。

表 4-4　泽兰黄素与 BSA 相互作用的热力学参数

pH	T (K)	ΔG^0 (kJ·mol^{-1})	ΔH^0 (kJ·mol^{-1})	ΔS^0 (J·mol^{-1}·K^{-1})	相关系数
	288	−31.31			
7.4	298	−31.56	−24.02	25.31	0.999
	308	−31.82			

4.1.7　能量由 BSA 向泽兰黄素转移

荧光共振能量转移（FRET）是一种不同电子激发态的分子间发生的距离依赖性相互作用。在这个相互作用中，激发能通过直接静电相互作用由供体分子转移到受体分子上，并且供体分子没有光子发射[27]。能量转移发生必需条件如下：供体分子能产生荧光；供体的发射光谱与受体的吸收光谱有重叠；供体与受体之间的距离小于 8 nm[23]。

可以用 FRET 中的二者距离计算泽兰黄素与 BSA Trp213 残基间的能量转移效率。泽兰黄素的吸收光谱与 BSA 的荧光发射光谱之间的重叠，如图 4-8 所示。

根据 Förster 的非放射共振能量转移理论[28-29]，能量转移效率 E 不仅与药物受体和蛋白质供体的距离有关，也与能量转移的临界

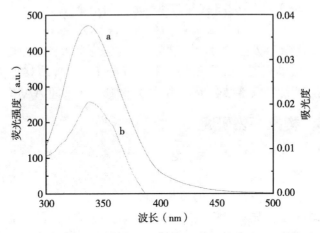

图 4-8　BSA 的荧光发射光谱与泽兰黄素的吸收光谱重叠图

注：$C_{BSA} = C_{eupatorin} = 3.0 \times 10^{-7}$ M，$\lambda_{ex} = 280$ nm，$T = 298$ K，pH=7.4

距离（R_0）有关。根据 Förster 的理论，可以根据以下等式计算能量转移效率 E：

$$E = 1 - F/F_0 = R_0^6/(R_0^6 + r^6) \qquad (4-8)$$

式（4-8）中，r 是受体泽兰黄素与供体 BSA 的距离，R_0 是转移效率为 50％时的临界距离。R_0 值使用下面的等式计算得到：

$$R_0^6 = 8.79 \times 10^{-25} K^2 n^{-4} \varphi J \qquad (4-9)$$

式（4-9）中，K^2 是偶极子空间定位因子；n 是介质的折射指数；φ 是供体的荧光量子产量；J 是供体发射光谱和受体吸收光谱的光谱重叠（图 4-8），通过公式（4-10）得出：

$$J = \frac{\int_0^\infty F(\lambda)\varepsilon(\lambda)\lambda^4 d\lambda}{\int_0^\infty F(\lambda) d\lambda} \qquad (4-10)$$

式（4-10）中，$F(\lambda)$ 是供体在波长为 λ 时的荧光强度，$\varepsilon(\lambda)$ 是受体在波长为 λ 时的摩尔吸收系数。在本书中，$K^2 = 2/3$，$n = 1.36$ 和 $\varphi = 0.15$[30]。通过公式（4-8）至（4-10），计算得到了如下参数：$J = 1.79 \times 10^{-14}$ cm³·L·mol⁻¹、$R_0 = 1.56$ nm 和 $r = 1.64$ nm。

很明显，BSA 的 Trp213 残基与泽兰黄素的距离（r）远小于 8 nm，并且符合 $0.5 R_0 < r < 1.5 R_0$ 的关系。这表明 BSA 向泽兰黄素的非辐射能量转移发生的可能性很高，这与静态猝灭机制的发生相一致。这个结果表明，二者的结合符合 Förster 能量转移理论的条件，也表明泽兰黄素结合于 BSA 中 Trp213 所在的 ⅡA 结构域[31]。

4.1.8　构象变化研究

（1）同步荧光光谱研究　这里使用的样品同 4.1.3（荧光光谱的测量）部分。同步荧光光谱是通过同时扫描激发和发射光谱得到的。激发和发射波长之间的波长间隔分别固定在 15 nm 和 60 nm 时，该谱分别只显示蛋白质中 Tyr 和 Trp 残基的光谱特征。每个谱是至少三次扫描的平均值，并且用缓冲溶液作为空白对照进行校正。荧光强度值使用式（4-1）和式（4-2）进行校正。

同步荧光光谱是一种广泛应用的通过测量发射光谱偏移研究氨基酸残基微环境的方法[32]。这种方法具有灵敏、光谱简单、光谱带宽减小和避免干扰等优点[33]。Vekshin[34] 研究发现，通过测量最大发射波长的变化来研究氨基酸残基的微环境是很有用的方法。最大发射波长的变化与发色团周围的极性变化相对应。众所周知，当激发和发射波长间隔 $\Delta\lambda$（$\Delta\lambda = \lambda_{em} - \lambda_{ex}$）分别固定为 15 nm 和 60 nm 时，BSA 的同步荧光光谱代表了酪氨酸残基和色氨酸残基的特征信息[35]。图 4-9A 和 4-9B 分别代表添加不同剂量泽兰黄素时，BSA 中酪氨酸和色氨酸残基的同步荧光光谱。由图可知，随着泽兰黄素的增加，BSA 的荧光强度逐渐降低。这个结果进一步证明二者在结合过程中发生了荧光猝灭。而且，$\Delta\lambda$分别为 15 nm 和 60 nm 时，最大发射波长没有明显变化，这表明泽兰黄素与 BSA 相互作用没有明显改变酪氨酸和色氨酸残基的微环境。

（2）泽兰黄素与 BSA 的结合对 BSA 二级结构的影响　BSA 的 CD 光谱用 JASCO J-810 分光偏振计（Kyoto，Japan）进行测定，同时用 Jasco 软件进行控制，用光径为 1.0 cm 的石英池盛放样品，

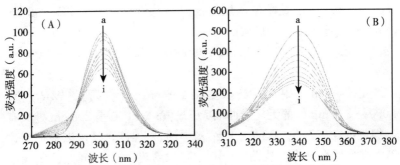

图 4 - 9　不同剂量泽兰黄素作用 BSA 的同步荧光光谱

A. $\Delta\lambda=15$ nm　B. $\Delta\lambda=60$ nm　$C_{BSA}=3.0\times10^{-7}$ M, $C_{eupatorin}=0.0\times10^{-7}$、
2.0×10^{-7}、4.0×10^{-7}、6.0×10^{-7}、8.0×10^{-7}、10.0×10^{-7}、12.0×10^{-7}、
14.0×10^{-7}、16.0×10^{-7} M

注：$T=298$ K, pH=7.4

扫描范围为 $190\sim250$ nm，扫描速度为 50 nm·min^{-1}，在充满氮气环境下进行，分别在没有或存在泽兰黄素时对 BSA 进行 CD 测量。用 PBS 溶液配制浓度为 5.0×10^{-7} M 的 BSA。保持 BSA 浓度恒定为 5.0×10^{-7} M，而泽兰黄素浓度是变化的（用乙醇溶液配置浓度分别为 0×10^{-6} M、0.5×10^{-6} M、2.0×10^{-6} M 和 4.0×10^{-6} M 的泽兰黄素）。将缓冲溶液作为空白对照，并在扫描过程中，手动去除。每个样品至少扫描三次，取平均值为 CD 谱。

圆二色谱是一种用于研究配体对蛋白质构象影响的强大技术。通常，BSA 的 CD 谱在 208 nm 和 222 nm 处存在两个负峰，这种现象由于 α - 螺旋结构发生 $n \rightarrow \pi^*$ 跃迁产生的[36]，也就是所谓的负 Cotton 效应[37-38]。为了更好地理解泽兰黄素与 BSA 的结合机制、BSA 的二级结构变化，我们进一步对泽兰黄素 - BSA 复合物做了 CD 分析。图 2 - 10 是 pH 7.4 时，没有和存在泽兰黄素时的 BSA CD 谱。可以观察到，在 208 nm 和 222 nm 处有两个负峰。CD 的结果用平均残基椭圆率（MRE）表示，可根据下面的公式（4 - 10）计算[39-40]：

$$MRE = ObservedCD(mdeg)/(10C_p nl) \qquad (4-10)$$

式（4 - 10）中，n 是氨基酸残基数目（583）；l 是杯子的路径长度（1 cm）；C_p 是摩尔浓度。根据下面公式，通过计算 208 nm 处的 MRE 值可以得到螺旋的含量[40]：

$$a\text{-}Helix(\%) = [(-MRE_{208} - 4\,000) \times 100]/(33\,000 - 4\,000)$$

$$(4-11)$$

式（4-11）中，MRE_{208} 是在 208 nm 处观察到的 MRE 值；4 000 是 208 nm 处的无规卷曲的 MRE 值；33 000 是 208 nm 处只有 α-螺旋的 MRE 值。BSA 二级结构中的 α-螺旋含量可以根据上述等式进行计算得出。从图 4-10 中可以看出，208 nm 处的负椭圆率明显降低，但其峰没有明显的移动，这表明 BSA 中的 α-螺旋含量降低了。很明显，泽兰黄素与 BSA 之间的相互作用导致了 BSA 的构象变化，进而导致 α-螺旋的稳定性降低。计算结果表明，BSA 的 α-螺旋有 56.5%，泽兰黄素/BSA 的摩尔比分别为 1：1、4：1 和 8：1 时，BSA 的 α-螺旋含量分别降低至 54.1%、51.5% 和 44.2%。

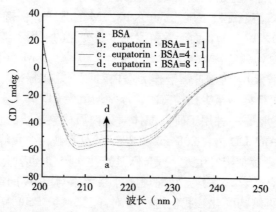

图 4-10　泽兰黄素与 BSA 体系的 CD 谱
a. 0：1　b. 1：1　c. 4：1　d. 8：1
注：$C_{BSA}=5.0\times10^{-7}$ M，$T=298$ K，pH=7.4

4.1.9　分子对接分析

为了进行分子对接研究，从 RSCB 蛋白质数据库中（http：//

www. rscb. org）下载 BSA 晶体结构（PDB 码：3V03），并从 PubChem 数据库（http：∥pubchem. ncbi. nlm. nih. gov）中获得小分子配体结构。AutoDock[41-42]程序用于确定配体结合 BSA 的区域和配体在 BSA 结合口袋中的构象[31]。AutoDock（ADT，版本 1.5.4）（http：∥mgltools. scripps. edu）用于制备对接用的配体和受体。对蛋白质受体加氢，并且指定 Kollman 电荷。选择和定义抑制剂中的可扭曲键。然后用 AutoGrid 程序（AutoDock 软件包的一部分）创建对接位点的三维空间网格盒子。网格盒子以 Trp213 为中心[43-44]，大小为 38×44×54。Trp213 距离配体分子 15 Å，这和 2.2.6 部分所描述的结果相一致。而且，盒子覆盖了结合腔所在的蛋白口袋。空间值调节至 0.375 Å。最后，应用 AutoDock 程序计算小分子和蛋白质的结合能量。主要的对接步骤如下：50 个并行的程序独立运行，将小分子置于 50 个随机的位置作为起始位置。27 000 次迭代运算；变异速率为 0.02，交换速率为 0.8；主要原则为 1。对于配体使用随机起始位置，随机定向，随机扭曲。对接结束后，50 个方案以 RMS 差异小于 1.0 Å 成簇分组。各个结果簇按其类代表构象的最低能量进行排序。最佳构象的选择是基于最高的亲和力（也可以基于 RMSD 的值选择）。甲状腺素和 HSA 复合物的晶体结构（PDB 编号 1hk1）作为参照结构用于评估预测模型的精确度[45]。以 PyMOL 为基础的可视化软件[46]用来帮助寻找和选定能够适当结合与蛋白质口袋的构象。

　　为了阐述 BSA 和泽兰黄素相互作用的机制，我们采用分子对接技术对二者的结合进行了分析。AutoDock 程序对接结果显示泽兰黄素有 10 种与受体蛋白结合的不同构象。我们选择了具有最高能量（-20.46 kJ·mol^{-1}）和最小 RMSD（0 Å）的构象作为最优的构象进行后续的分析。分析结果表明，Val342、Asp450、Trp213、Arg198、Arg194、Arg217、Gln220、Ala341、Pro446、Ala290 和 Glu291 是结合位点处最重要的氨基酸残基。二者的相互作用过程中，可能的相互作用模式和涉及的主要氨基酸残基如

图4-11A和图4-11B所示。与蛋白质作用的配体分子通过氢键作用固定在结合位点。小分子上三个位点的氧O1、O4、和O6与蛋白质Val342的-NH（-O…NH，2.08 Å，158.5°），Trp213的-NH（-O…NH，2.12 Å，125.2°）以及Arg198的-NH（-O…NH，2.29 Å，131.2°）分别形成三个氢键。同时，泽兰黄素的O3位置的羟基氧原子作为氢键供体，与Asp450上的-OH形成氢键（-O…OH，2.04 Å，105.7°）。我们发现，泽兰黄素的芳香烃通过与Arg194和Arg217的-NH₂相互作用，形成芳烃阳离子。Gln220和Glu291残基通过极性相互作用与泽兰黄素结合。然而，BSA的一系列边缘区域的疏水残基Ala341、Pro446和Ala290通过疏水作用与泽兰黄素结合。

HSA与BSA为同源蛋白。研究表明HSA抑制剂甲状腺素与HSA的结合位点和泽兰黄素与其结合位点几乎相同[45]。从对接分析的结果来看，疏水作用和极性相互作用共同组成主要结合作用力，这个结果进一步证实了4.1.5部分（热力学参数和结合力类型）的结果。总之，这些结果表明了计算机预测的结合模型是可靠的。

A

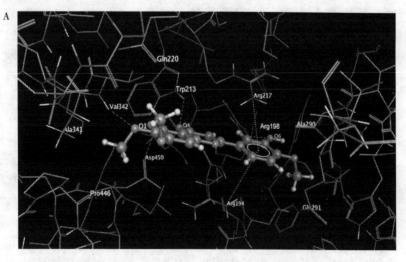

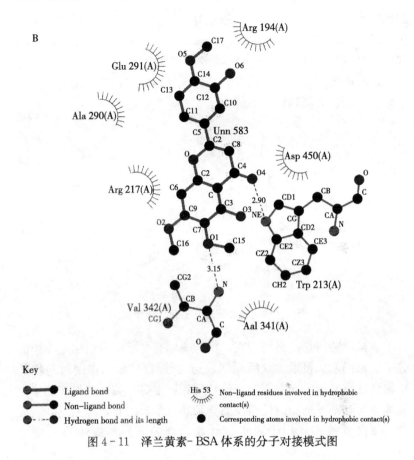

图 4 - 11　泽兰黄素- BSA 体系的分子对接模式图

4.2　桃叶珊瑚苷与牛血清白蛋白的相互作用

4.2.1　桃叶珊瑚苷概述

　　桃叶珊瑚苷（aucubin，AU，结构如图 4 - 12 所示）属于环烯醚萜苷类化合物，紫外吸收极弱[47]。AU 是一种极为重要的生物活性物质，具有多种显著的生物活性，如抗氧化、抗菌、抗炎、抗病毒、抗肿瘤、保肝解毒、解痉镇痛、降糖降脂、增强免疫、促进胶原合成、神经营养、抗骨质疏松等[48-55]。AU 来源广泛，在车前科（Planlago）、杜仲科（Eueommiaceae）、忍冬科（Lonzcerae）和玄参科（Scrophulariaceae）等多种植物中都有大量分布[56-58]。由于桃叶珊瑚苷生理活性明显、来源广泛等优点，近年来人们开展了许多关于桃叶珊瑚苷的研究。

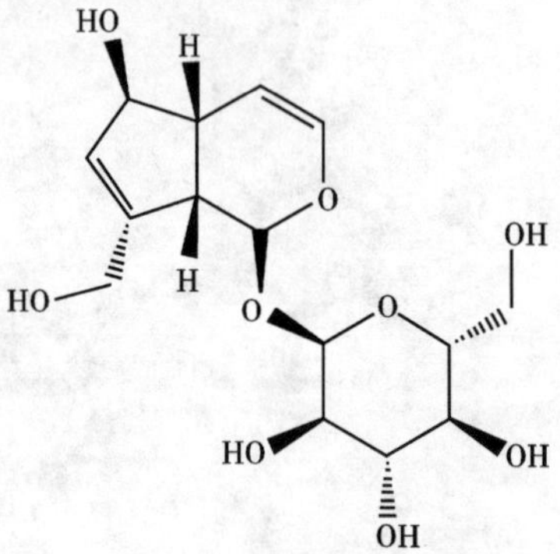

图 4-12　桃叶珊瑚苷的化学结构式

　　非常遗憾的是，直到现在，桃叶珊瑚苷与载体蛋白相互作用的分子机制仍未见报道。众所周知，药物-蛋白质相互作用对药物的生物活性影响很大，它们结合的性质和程度等相关知识将有助于更好地理解和调节药物的代谢动力学和药效学。因此，研究桃叶珊瑚苷与蛋白质的相互作用对于桃叶珊瑚苷的开发和应用具有重要意义。

　　BSA 的结构与 HSA 具有 76% 的较高的相似度[59]，并且不同的氨基酸之间是保守性替代。因此，BSA 成为研究药物与蛋白相互作用的常用模式蛋白。BSA 是由 583 个氨基酸残基组成的相对分子质量为 66.4 Ku 的心形球状蛋白。它包含 Ⅰ、Ⅱ 和 Ⅲ 三个结构域，每个结构域由 Ⅰ A 和 Ⅰ B 两个子域组成。白蛋白的结构主要是 α-螺旋，其余的多肽形成无规卷曲，子域之间的可延展或柔性区域之间没有 β-折叠[59-62]。BSA 的内外源配体结合位点可能位于 Ⅱ A 和 Ⅲ A 子域（药物结合位点通常位于这些区域）[62]。BSA 含两个分别位于蛋白质的表面和疏水性结合口袋中的色氨酸残基 Trp134 和 Trp213[31,44]。荧光光谱研究药物的结合位点时，BSA Trp213 和 HSA Trp214 的荧光降低程度相似[63]。

血液中存在的一些金属离子可以影响药物与血浆蛋白的结合，其中，Cu^{2+} 和 Fe^{3+} 作为人体必需的重要微量元素，可以影响多种蛋白质的结构和功能[64-66]。因此，为了更好地理解并调节药物在体内的生物学效应，必须研究蛋白-金属离子-药物三元体系的相互作用。

为了深入了解 AU 在体内的生物学效应，在体外生理环境中，分别在没有和存在 Cu^{2+} 或 Fe^{3+} 条件下，综合使用了荧光光谱和紫外-可见光谱系统地研究了桃叶珊瑚苷与 BSA 相互作用的多种结合参数，如结合常数、结合位点数和结合力类型等。同步荧光光谱和圆二色谱广泛用于研究蛋白质构象[67,68]，我们使用这两种方法在没有和存在 Cu^{2+} 或 Fe^{3+} 条件下研究了桃叶珊瑚苷对 BSA 二级结构的影响。准确而全面的数据信息将有助于深入理解桃叶珊瑚苷在体内吸收、分布、代谢、药效的发挥以及金属离子的作用机制，为桃叶珊瑚苷药物的质量控制提供依据，同时，对桃叶珊瑚苷药物分子的设计改造、提高 AU 的药效和用药安全性也具有较高的参考价值。

4.2.2 荧光猝灭研究

在本实验中，每隔 7 min，向盛有 3.0 ml、5.0×10^{-7} M 的 BSA 溶液（或含有 5.0×10^{-7} M Cu^{2+} 或含有 5.0×10^{-7} M Fe^{3+} 的 3.0 ml BSA 溶液）、光程路径为 1 cm 的石英池，手动依次滴加等体积 5.0×10^{-4} M AU，然后测量三个不同温度（290 K、300 K 和 310 K）条件下的荧光发射光谱。激发波长为 280 nm，发射波长范围为 290~500 nm，激发和发射带宽均为 5 nm，并进行数据记录。每个光谱数据至少扫描三次并获取平均值。为了避免重新吸收和内滤效应，荧光强度根据下面的公式进行校正[17,70]：

$$F_{cor} = F_{obs} \exp[(A_{ex} + A_{em})/2] \qquad (4-12)$$

式（4-12）中 F_{cor} 和 F_{obs} 分别是纠正后的和观察到的荧光强度；A_{ex} 和 A_{em} 分别是激发波长和发射波长处的吸光度。

分别在没有和存在 AU 条件下，光谱扫描范围是 200～500 nm，测量 BSA 的紫外-可见吸收光谱。BSA 的浓度固定在 1.0×10^{-5} M，逐渐加入 AU，该溶液平衡 7 min，其后记录吸光度值。

目前，荧光光谱法仍是研究蛋白质和其配体相互作用最有效的方法。因此，在本研究中，我们用荧光光谱法研究了 AU 和 BSA 的相互作用。一般来讲，BSA 的荧光是由 Trp、Tyr 和 Phe 残基产生，但是内源荧光主要是由 Trp 产生[70]。

我们测定了没有或存在 Cu^{2+} 或 Fe^{3+} 时，BSA 与不同浓度的 AU 作用后的荧光光谱。如图 4 - 2 所示，随着 AU 浓度的增加，无论 Cu^{2+}（图 4 - 13 B）或 Fe^{3+}（图 4 - 13 C）存在与否（图 4 - 13 A），BSA 的荧光强度均明显下降，而且发射峰的位置和形状都很相似。当 AU 浓度达到 4.5×10^{-6} M 时，存在 Cu^{2+} 或 Fe^{3+} 实验组的 BSA 的荧光强度分别下降 62.32% 和 56.42%，而没有金属离子时，即只有 AU 时，BSA 的荧光强度下降 58.50%（依据图 4 - 13 计算）。因此，Fe^{3+} 能略微增强 AU 对 BSA 荧光猝灭效应，而 Cu^{2+} 降低 AU 对 BSA 荧光猝灭效应。在金属离子存在条件下，AU 对 BSA 的荧光猝灭程度与单独存在 AU 或金属离子都是不同的。这些结果表明，无论金属离子存在与否，AU 与 BSA 都发生了相互作用，并且作用的程度可能是不同的。

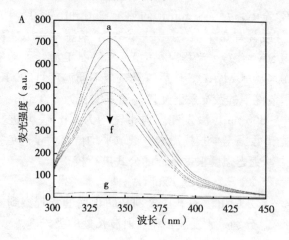

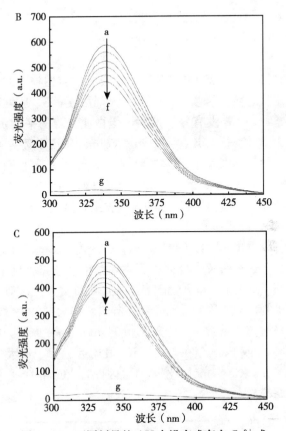

图 4-13 不同剂量的 AU 在没有或存在 Cu^{2+} 或
Fe^{3+} 时作用的 BSA 荧光光谱

A. 不同量 AU 的 5.0×10^{-7} M BSA   B. 不同量 AU 及 Cu^{2+} 的 $5.0 \times$ 10^{-7} M BSA   C. 不同量 AU 及 Fe^{3+} 的 5.0×10^{-7} M BSA   a~f. AU 的 浓度分别为 0.0×10^{-6}、0.5×10^{-6}、1.5×10^{-6}、2.5×10^{-6}、$3.5 \times$ 10^{-6} 和 4.5×10^{-6} M   g. 2.5×10^{-6} M AU

注：$\lambda_{ex} = 280$ nm，pH = 7.4

4.2.3 猝灭机制分析

根据与温度依赖性的关系可将荧光猝灭机制分为两类，即动态猝灭机制和静态猝灭机制。随着温度的升高，动态猝灭的猝灭常数增加，而静态猝灭的猝灭常数下降。为证实 AU 介导的猝灭机制对温度的依赖性，使用 Stern - Volmer 方程对数据进行分析[19,22]：

$$F_0/F = 1 + K_{SV}[Q] = 1 + k_q \tau_0 [Q] \qquad (4-13)$$

式（4-13）中，F_0 和 F 分别是在没有和存在猝灭剂情况下的蛋白质稳定状态荧光强度，$[Q]$ 是猝灭剂浓度；K_a 是生物分子的猝灭速率常数，τ_0 是没有猝灭剂时，蛋白质自身的平均荧光寿命，其数量级为 10^{-8} s[18]，K_{sv} 为 Stern - Volmer 猝灭常数。

分析三种不同温度下的荧光数据，不同温度条件下的 Stern - Volmer 曲线如图 4-14 所示。从图中可以观察到 Cu^{2+} 或 Fe^{3+} 存在与否，F_0/F 和 $[Q]$ 均具有良好的线性关系。由式（4-13）推导的 K_{sv} 和 K_q 如表 4-5 所示。

我们可以看出，存在 Cu^{2+} 或 Fe^{3+} 两组的 K_{sv} 和 K_q 的值与温度呈负相关性。这表明荧光猝灭过程主要是由静态猝灭机制引起的。但 AU - BSA 组的 K_{sv} 和 K_q 值随温度升高而增大，这似乎是符合动态猝灭机制。众所周知，对于动态猝灭，猝灭剂与生物聚合物的最大散射碰撞猝灭常数 K_q 是 2.0×10^{10} mol^{-1} · s^{-1}[71]。最重要的是，无论 Cu^{2+} 或 Fe^{3+} 存在与否，K_q 值均远远大于最大散射碰撞猝灭常数（2.0×10^{10} mol^{-1} · s^{-1}）。因此，AU 和 BSA 相互作用猝灭机制属于静态猝灭。

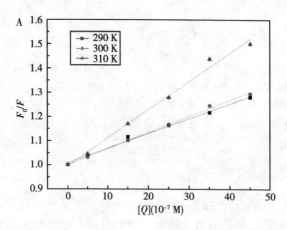

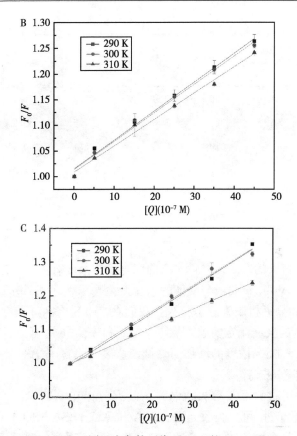

图 4 - 14　AU 在不同温度条件下猝灭 BSA 的 Stern - Volmer 图
A. AU - BSA　B. AU - BSA - Cu^{2+}　C. AU - BSA - Fe^{3+}
注：$C_{BSA}=5.0\times10^{-7}$ M，$\lambda_{ex}=280$ nm，pH＝7.4

表 4 - 5　AU - BSA 体系在没有或存在 Cu^{2+} 或 Fe^{3+} 时的结合常数

pH	system	T（K）	K_{sv} ($10^4 M^{-1}$)	K_q (10^{12} $M^{-1}\cdot s^{-1}$)	相关系数	标准差
7.40	AU - BSA	290	6.1	6.1	0.993 4	0.005
		300	6.7	6.7	0.997 6	0.008
		310	11.7	11.7	0.991 7	0.002

（续）

pH	system	T (K)	K_{sv} $(10^4 \mathrm{M}^{-1})$	K_q $(10^{12}\ \mathrm{M}^{-1} \cdot \mathrm{s}^{-1})$	相关系数	标准差
7.40	AU - BSA - Cu^{2+}	290	5.6	5.6	0.991 0	0.006
		300	5.5	5.5	0.990 5	0.011
		310	5.1	5.1	0.990 8	0.009
	AU - BSA - Fe^{3+}	290	7.6	7.6	0.993 5	0.005
		300	7.5	7.5	0.993 1	0.004
		310	5.3	5.3	0.998 9	0.005

注：$C_{BSA} = C_{Cu^{2+}} = C_{Fe^{3+}} = 5.0 \times 10^{-7}$ M。

　　静态猝灭的 Stern - Volmer 曲线与受体浓度有关，而动态猝灭的 Stern - Volmer 曲线与受体的浓度无关[67]。为了进一步确定 AU 和 BSA 的猝灭机制为静态猝灭，我们在 310 K 条件下开展了不同 BSA 浓度的荧光滴定实验，从图 4 - 15 和表 4 - 6 中可以看到，K_{sv} 和 K_q 随着 BSA 浓度的增加而降低，这表明 AU 与 BSA 相互作用机制一定是静态猝灭。

　　为了再次验证其猝灭机制，在没有或存在 AU 时，测量并记录 BSA 的紫外-可见吸收光谱。BSA 和 AU - BSA（4∶1 和 7∶1）的紫外吸收光谱如图 4 - 16 所示。从图中可以看到，随着 AU 的增加，280 nm 处 BSA 的吸光度小幅增加。通常认为，动态猝灭只影响荧光基团的激发态，而几乎不改变它的吸收光谱[23]。与此相反，静态猝灭会经常导致发色团的吸收光谱发生变化。因此，可以得出结论，AU 与 BSA 的荧光猝灭机制为静态猝灭机制，这与前面的结论是一致的。

　　有趣的是，从图 4 - 14 可以观察到，在 290 K 和 300 K 温度时，得到的线性曲线相似，但与 310 K 时的曲线截然不同。这恰恰表明在生理温度条件下 AU - BSA 的结合能力是最强的。这些现象，从图 4 - 18 中也可观察到。

表 4 - 6　pH 7.4 时的 AU - BSA 体系猝灭常数

pH	T (K)	[BSA] (10^{-7} M)	K_{sv} (10^5 M^{-1})	K_q (10^{13} M$^{-1}\cdot$s^{-1})	相关系数	标准差
		1	1.58	1.58	0.993 8	0.006
7.40	310	2	1.34	1.34	0.990 2	0.007
		5	1.17	1.17	0.991 7	0.002

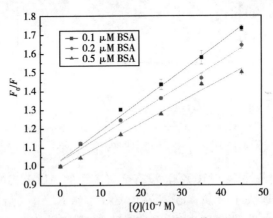

图 4 - 15　不同浓度 BSA 存在时的 AU - BSA 体系 Stern - Volmer 图

注：J＝310 K，pH＝7.4

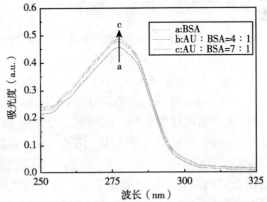

图 4 - 16　BSA 在没有或存在 AU 时的紫外-可见光谱

注：T＝310 K，pH＝7.4

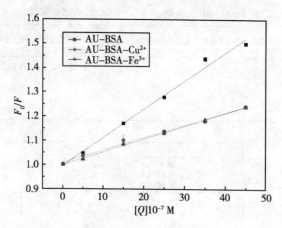

图 4-17　AU 猝灭 BSA 的 Stern-Volmer 图

A. AU-BSA　B. AU-BSA-Cu^{2+}　C. AU-BSA-Fe^{3+}

注：$C_{BSA}=5.0×10^{-7}$ M，$\lambda_{ex}=280$ nm，$T=298$K，pH$=7.4$

在生理条件下（310 K），没有金属离子的 AU-BSA 组的 K_{sv} 和 K_q 值都远大于金属离子存在时的 K_{sv} 和 K_q 值（图 4-17 和 表 4-5）。由此我们可以得出，有 Cu^{2+} 或 Fe^{3+} 存在时，AU 与 BSA 结合力降低，这样会使 AU 发挥药效更迅速。

4.2.4　结合常数和结合位点的确定

在静态猝灭机制中，假定生物分子含有相似且独立的结合位点，则就可根据下面等式获得结合常数和结合位点数[68]：

$$\lg[(F_0-F)/F]=\lg K_b+n\lg[Q] \qquad (4-14)$$

式（4-14）中，K_b 是结合常数，n 是每个 BSA 分子中的结合位点数，这两个数值可以根据式（4-14），分别由 $\lg[F_0/(F_0-F)]$ 对 $\lg[Q]$ 作图得到双对数回归曲线（图 4-18）的截距和斜率来计算。计算得到的 K_b 和 n 值如表 4-14 所示。应该指出，BSA 在 280 nm 处的荧光激发，不仅色氨酸残基，而且酪氨酸残基也会被激发。因此，式（4-14）表示的是混合猝灭情形。

如表 4-7 所示，无论没有（图 4-18A）或存在 Cu^{2+}

(图 4 - 18B)或存在 Fe^{3+}（图 4 - 18C），结合点数 n 都大约为 1，这表明每个 BSA 分子具有 1 个 AU 结合位点。我们从图 4 - 19 和表 4 - 7 观察到，在生理条件下 310 K，没有 Cu^{2+} 或 Fe^{3+} 时，结合常数 K_b 和结合位点数目 n 都是最大的，这两个值都比存在 Cu^{2+} 或 Fe^{3+} 时大，并且 Cu^{2+} 存在时其值最小。结果表明，Cu^{2+} 或 Fe^{3+} 降低了 AU 和 BSA 的结合能力，这提示我们，Cu^{2+} 或 Fe^{3+} 的存在可能会降低血浆中的 AU 贮存期，提高药效。AU 与 BSA 结合力的改变的原因可能是金属离子和 AU 都与 BSA 竞争结合；另一个原因可能是 AU 和金属离子形成配合物，配合物具有与 AU 不同的属性，如构象和体积等，导致与 BSA 的结合力降低，结合常数下降。

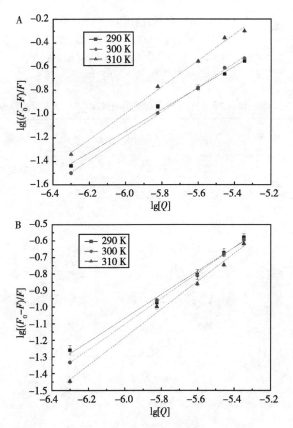

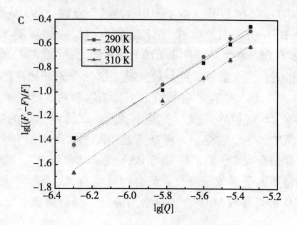

图 4-18 AU 在不同温度时猝灭 BSA 的
$\lg[(F_0 - F)/F]$ 对 $\lg[Q]$ 图
A. AU-BSA B. AU-BSA-Cu²⁺ C. AU-BSA-Fe³⁺
注：$C_{BSA} = 5.0 \times 10^{-7}$ M，$\lambda_{ex} = 280$ nm，pH=7.4

表 4-7 AU-BSA 相互作用在没有或存在 Cu²⁺ 或 Fe³⁺ 时的结合参数

pH	system	T (K)	K_b (10^4 M⁻¹)	n	相关系数	标准差
		290	2.13	0.91	0.994	0.005
	AU-BSA	300	9.18	1.03	0.999	0.021
		310	47.67	1.11	0.996	0.110
		290	0.16	0.71	0.992	0.001
7.40	AU-BSA-Cu²⁺	300	0.34	0.77	0.999	0.001
		310	0.76	0.85	0.995	0.002
		290	4.37	0.96	0.993	0.020
	AU-BSA-Fe³⁺	300	9.45	1.02	0.997	0.023
		310	17.06	1.09	0.995	0.039

注：$C_{BSA} = C_{Cu^{2+}} = C_{Fe^{3+}} = 5.0 \times 10^{-7}$ M。

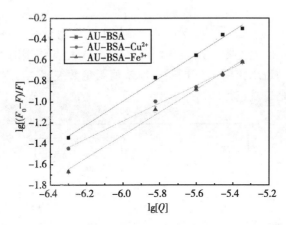

图 4 - 19　不同浓度 AU 作用 BSA 的荧光猝灭对数坐标图

注：$C_{BSA}=5.0\times10^{-7}$ M，$\lambda_{ex}=280$ nm，pH=7.4

4.2.5　热力学分析和结合力类型的确定

蛋白质和其配体结合过程中，主要有四种非共价相互作用力：氢键、范德华力、静电作用和疏水作用[18]。结合反应中的热力学参数是确定结合作用力的最主要依据。因此，分析温度依赖性热力学参数可以确定 AU 与 BSA 之间的作用力。如果在所研究的温度范围内，ΔH^0（熵变）近乎不变，就可以将反应的 ΔH^0 视为常数。然后，ΔH^0 和 ΔS^0 的值可以根据 Van't Hoff 公式（4 - 15）进行计算。所以，在不同温度下的 ΔG^0 值（自由能的变化）可以根据公式（4 - 16）得到：

$$\ln K = -\Delta H^0/RT + \Delta S^0/R \qquad (4-15)$$

$$\Delta G^0 = \Delta H^0 - T\Delta S^0 \qquad (4-16)$$

式（4 - 15）中，K 是在相应温度下的结合常数，R 是气体常数，T 是绝对温度。根据公式（4 - 15），由 $\ln K$ 对 $1/T$ 做 Van't Hoff 线性图（如图 4 - 20 所示）所得到的斜率和截距，就分别代表 ΔH^0 和 ΔS^0 值。

ΔH^0、ΔS^0 和 ΔG^0 的值如表 3 - 4 中所示。从表 4 - 8 可以看

出，无论 Fe^{3+} 或 Cu^{2+} 存在与否，ΔH^0、ΔS^0 均为正值，ΔG^0 均为负值。ΔH^0 为正值表明，AU 与 BSA 相互作用是一个吸热反应。并且，ΔS^0 也大于零，这表明，AU 与 BSA 相互作用时主要作用力为典型的疏水作用[72]。同时，ΔG^0 值为负数表明 AU 和 BSA 之间的结合是自发进行的。

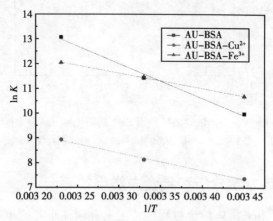

图 4-20　BSA 和 AU 相互作用的 Van't Hoff 图

注：pH＝7.4

　　同时，我们可以看到，没有金属离子组的 ΔS^0 和 ΔG^0 数值最大，Cu^{2+} 实验组最小。这些说明，Fe^{3+} 和 Cu^{2+} 降低了 AU 与 BSA 的结合能力。这与前面 K_{sv}、K_b 和 n（4.1.3 部分）的变化规律是一致的。这些信息的获得有助于 AU 药物生产质量的控制以及 AU 药物分子的改造和设计。

表 4-8　AU-BSA 相互作用的热力学参数

pH	system	T（K）	ΔG^0 (kJ·mol^{-1})	ΔH^0 (kJ·mol^{-1})	ΔS^0 (J·mol^{-1}·K^{-1})	相关系数
7.4	AU-BSA	290	-23.9	116.0	482.5	0.997
		300	-28.7			
		310	-33.6			

（续）

pH	system	T (K)	ΔG^0 (kJ·mol^{-1})	ΔH^0 (kJ·mol^{-1})	ΔS^0 (J·mol^{-1}·K^{-1})	相关系数
7.4	AU-BSA-Cu^{2+}	290	−17.7			
		300	−20.3	58.9	264.1	0.999
		310	−23.0			
	AU-BSA-Fe^{3+}	290	−25.8			
		300	−28.5	51.0	264.6	0.997
		310	−31.1			

4.2.6　构象变化研究

（1）同步荧光光谱学研究　同步荧光光谱是通过同时扫描激发和发射光谱而得到的。激发波长和发射波长之间的波长差分别固定在 15 nm 和 60 nm 时，该谱分别只显示 BSA 的 Tyr 和 Trp 残基信息。每个谱的数据是至少三个扫描的平均值，缓冲液作为空对照，数据使用公式（4-12）进行荧光强度缓冲校正。

同步荧光光谱法是一种广泛应用的通过测量发射波长偏移[33,72]来研究氨基酸残基微环境的方法。这种方法有很多优点，如灵敏度高、光谱简化、降低光谱带宽和避免干扰[73]等。Vekshin[35]发现，这种方法通过测量最大发射波长可能的移动有助于研究氨基酸残基的微环境，最大发射波长位置的移动与生色团分子周围极性的变化是相对应的。

众所周知，当波长间隔 $\Delta\lambda$（$\Delta\lambda = \lambda_{em} - \lambda_{ex}$）分别为 15 nm 和 60 nm 时，从 BSA 的同步荧光光谱中就可以得知 Try 残基和 Trp 残基的特性信息[34]。图 4-21 显示，分别是没有（图 4-21A）、存在 Cu^{2+}（图 4-21B）、存在 Fe^{3+}（图 4-21C）时，AU 添加后 BSA 的 Trp 残基（1）和 Try 残基（2）的同步荧光光谱。我们可以看到，BSA 的荧光强度随着 AU 浓度的升高而有规律地降低。

这进一步证实了结合过程中发生了荧光猝灭。在这一过程中，未见 BSA 的最大发射波长明显移动。因此，我们可以得出这样的结论，无论 Cu^{2+} 或 Fe^{3+} 存在与否，AU 与 BSA 相互作用时，Trp 残基和 Try 残基的微环境极性没有发生明显改变。

（2）圆二色谱研究 用 JASCO J-810 分光偏振计自动记录仪进行 BSA CD 光谱测量，并由日本 Jasco 软件进行控制。在氮气保护下，用光径为 1.0 cm 的石英池，扫描范围是 190～250 nm，扫描速度为 50 nm·min^{-1}，测定在没有或存在 Cu^{2+} 或 Fe^{3+} 时的 BSA CD 谱。用 Tris-HCl 配制浓度为 $5.0×10^{-7}$ M 的 BSA 溶液，并将缓冲溶液作为空白对照，手动去除背景。每个样品至少扫描三次，取平均值作为 CD 光谱数据。

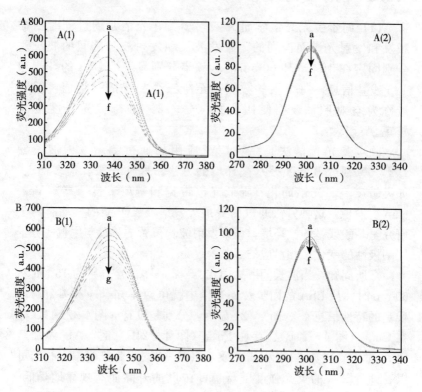

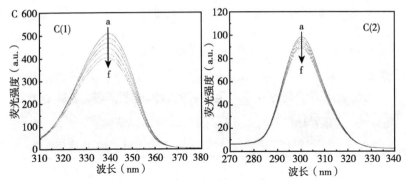

图 4 - 21　不同浓度 AU 在没有或存在 Cu^{2+} 或 Fe^{3+}
时作用的 BSA 同步荧光光谱

1. $\Delta\lambda = 60$ nm　2. $\Delta\lambda = 15$ nm　$C_{BSA} = 5.0 \times 10^{-7}$ M　a~f. AU 浓度为 0.0×10^{-6}、0.5×10^{-6}、1.5×10^{-6}、2.5×10^{-6}、3.5×10^{-6}、4.5×10^{-6} M

CD 是一种研究配体介导蛋白质构象变化的灵敏方法。典型的 BSA CD 谱在 208 nm 和 222 nm 处存在两个负峰，这是 α-螺旋结构的典型特征，是由于 α-螺旋结构发生 $n \to \pi^*$ 跃迁产生的[37]，也就是负 Cotton 效应[38-39]。为了更好地理解 AU - BSA 结合的机制及 BSA 二级结构的变化，在 pH＝7.4 条件下，进一步测量 BSA、AU - BSA、AU - BSA - Cu^{2+} 和 AU - BSA - Fe^{3+} 复合体系的 CD 谱，如图 4 - 22 和表 4 - 9 所示。从各图中均可观察到 208 nm 和 222 nm 处的两个负峰。CD 结果用平均残基椭圆率（MRE）来表示，可利用下面的公式计算[40,74]：

$$MRE = ObservedCD(mdeg)/(10C_p nl) \qquad (4-17)$$

式（4 - 17）中，n 是氨基酸残基数（583），l 是石英池的路径长度（1 cm），C_p 是摩尔浓度。根据 208 nm 处 MRE 值，我们用下面公式计算螺旋的含量[74]：

$$a - Helix(\%) = [(-MRE_{208} - 4\,000) \times 100]/(33\,000 - 4\,000)$$

$$(4-18)$$

式（4 - 18）中，MRE_{208} 是在 208 nm 处的 MRE 值；4 000 是 208 nm 处无规卷曲的 MRE 值；33 000 是 208 nm 处只有 α-螺旋的 MRE 值。可以根据上面的公式计算 BSA 二级结构中的 α-螺旋含量。

从图 4 - 22 可以观察到，208 nm 和 222 nm 处的两个负峰值，这两个负峰是 α-螺旋的典型特征。从图 4 - 22 和表 4 - 9 可见，随着 AU 增加的浓度，无论 Cu^{2+} 或 Fe^{3+} 是否存在，BSA 中 α-螺旋含量都稍有降低，这是与以前的研究[17,75]类似。这些观察结果表明，无论金属离子是否存在，至少在实验浓度范围内，AU 对 BSA 的二级结构均稍有影响。

表 4 - 9   AU 在没有或存在 Cu^{2+} 或 Fe^{3+} 时作用 BSA 后的 α-螺旋含量

实验样本	α - helix（%）
BSA	56.0
BSA：AU=1：2	53.9
BSA：AU=1：8	53.6
BSA：AU=1：16	52.3
BSA：Cu^{2+}=1：1	54.9
BSA：Cu^{2+}：AU=1：1：2	53.9
BSA：Cu^{2+}：AU=1：1：8	52.9
BSA：Fe^{3+}：AU=1：1：16	52.4
BSA：Fe^{3+}=1：1	55.2
BSA：Fe^{3+}：AU=1：1：2	55.2
BSA：Fe^{3+}：AU=1：1：8	54.6
BSA：Fe^{3+}：AU=1：1：16	52.9

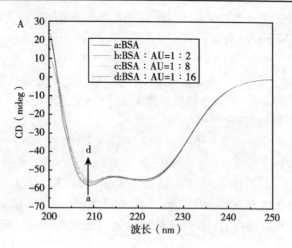

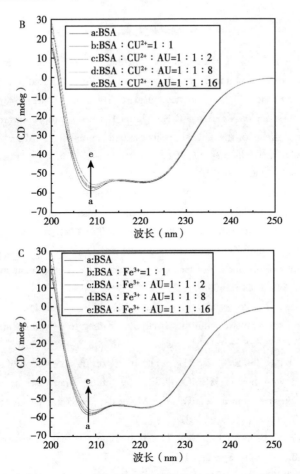

图 4-22　AU-BSA 体系在没有或存在 Cu^{2+} 或 Fe^{3+} 时的 CD 谱

注：$C_{BSA} = 5.0 \times 10^{-7}$ M

———————— 参考文献 ————————

[1] Middleton E Jr, Kandaswami C, Theoharides T C. The effects of plant flavonoids on mammalian cells: implications for inflammation, heart disease and cancer [J]. Pharmacological Reviews, 2000, 52: 673 - 751.

[2] Androutsopoulos V, Arroo R R, Hall J F, et al. Antiproliferativeand cytostatic effects of the natural product eupatorin on MDA - MB—468 human breast cancer cells due to CYP1 - mediated metabolism [J]. Breast Cancer Research, 2008, 10: R39.

[3] Androutsopoulos V P, Li N, Arroo R R. The methoxylatedflavones eupatorin and cirsiliol induce CYP1 enzyme expression in MCF7 cells [J]. Journal of Natural Products, 2009, 72: 1390 - 1394.

[4] Csapi B, Hajdú Z, Zupkó I, et al. Bioactivity - guided isolation of antiproliferative compounds from Centaureaarenaria [J]. Phytotherapy Research, 2010, 24: 1664 - 1669.

[5] Salmela A L, Pouwels J, Kukkonen - Macchi A, et al. The flavonoid eupatorin inactivates the mitotic checkpoint leading to polyploidy and apoptosis [J]. Experimental Cell Research, 2012, 318: 578 - 592.

[6] Chen T T, Zhu S J, Cao H, et al. Studies on the interaction of salvianolic acid B with human HEMOGLOBIN by multi - spectroscopic techniques [J]. Spectrochimica Acta Part A - Molecular and Biomolecular Spectroscopy, 2011, 78: 1295 - 1301.

[7] Valeur B, Brochon J C. New Trends in Fluorescence Spectroscopy [M]. 6th ed. , Berlin: Springer Press, 1999: 25 - 28.

[8] Sahoo B K, Ghosh K S, Dasgupta S. Molecular interactions of isoxazolcurcumin with human serum albumin: Spectroscopic and molecular modeling studies [J]. Wiley Inter Science, 2009, 91: 108 - 119.

[9] Ju P, Fan H, Liu T, et al. Probing the interaction of flower - like CdSe nanostructure particles targeted to bovine serum albumin using spectroscopic techniques [J]. Journal of Luminescence, 2011, 131: 1724 - 1730.

[10] Liu X H, Xi P X, Chen F J, et al. Spectroscopic studies on binding of 1 -phenyl - 3 - (coumarin - 6 - yl) sulfonylurea to bovine serum albumin [J]. Journal of Photochemistry and Photobiology B: Biology, 2008, 92:

98 - 102.

[11] Wang Y Q, Tang B P, Zhang H M, et al. Studies onthe interaction between imidacloprid and human serum albumin: Spectroscopicapproach [J]. Journal of Photochemistry and Photobiology B: Biology, 2009, 94: 183 - 190.

[12] Hu Y J, Liu Y, Wang J B, et al. Study of the interaction between monoammonium glycyrrhizinate and bovine serum albumin [J]. Journal of Pharmaceutical and Biomedical Analysis, 2004, 36: 915 - 919.

[13] Lerman L S. Structural considerations in the interaction of DNA and acridines [J]. Journal of Molecular Biology, 1961, 3: 18 - 30.

[14] Sun Y T, Zhang H T, Sun Y, et al. Study of interaction between protein and mainactive components in citrus aurantium L. by optical spectroscopy [J]. Journal of Luminescence, 2010, 130: 270 - 279.

[15] Dennis E E, Thomas J R, Valeria C, et al. Determination of the Affinity of Drugs toward Serum Albumin by Measurement of the Quenching of the Intrinsic Tryptophan Fluorescence of the Protein [J]. Journal of Pharmacy and Pharmacology, 1999, 51: 41 - 48.

[16] Silva K P, Seraphim T V, Borges J C. Structural and functional studies of Leishmania braziliensis Hsp90 [J]. BBA - Proteins and Proteomics, 2013, 1834: 351 - 361.

[17] Li D J, Zhu M, Xu C, et al. The effect of Cu^{2+} or Fe^{3+} on the noncovalent binding of rutin with bovine serum albumin by spectroscopic analysis [J]. Spectrochimica Acta Part A - Molecular and Biomolecular Spectroscopy, 2011, 78: 74 - 79.

[18] Ware W R. Oxygen quenching of fluorescence in solution: an experimental study of the diffusion process [J]. The Journal of Physical Chemistry, 1962, 66: 455 - 458.

[19] Li D J, Zhu M, Xu C, et al. Characterization of the baicalein - bovine serum albumin complex without or with Cu^{2+} or Fe^{3+} by spectroscopic approaches [J]. European Journal of Medicinal Chemistry, 2011, 46: 588 - 599.

[20] Lakowicz J R, Weber G. Quenching of fluorescence by oxygen. Probe for structural fluctuations in macromolecules [J]. Biochemistry, 1973, 12: 4161 - 4170.

[21] Samari F, Shamsipur M, Hemmateenejad B, et al. Investigation of the interaction between amodiaquine and human serum albumin by fluorescence spectroscopy and molecular modeling [J]. European Journal of Medicinal Chemistry, 2012, 54: 255 - 263.

[22] Wang Z, Li D J, Jin J. Study on the interaction of puerarin with lysozyme by spectroscopic methods [J]. Spectrochimica Acta Part A - Molecular and Biomolecular Spectroscopy, 2008, 70: 866 - 870.

[23] Li D J, Zhu J F, Jin J, et al. Studies on the binding of nevadensin to human serum albumin by molecular spectroscopy and modeling [J]. Journal of Molecular Structure, 2007, 846: 34 - 41.

[24] Tian J N, Liu J, Hu Z D, et al. Interaction of wogonin with bovine serum albumin [J]. Bioorganic & Medicinal Chemistry, 2005, 13: 4124 - 4129.

[25] Rahman M H, Maruyama T, Okada T, et al. Study of interaction of carprofen and its enantiomers with human serum albumin I: Mechanism of binding studied by dialysis and spectroscopic methods [J]. Biochemical Pharmacology, 1993, 46: 1721 - 1731.

[26] Ross P D, Subramanian S. Thermodynamics of protein association reactions: forces contributing to stability [J]. Biochemistry, 1981, 20: 3096 - 3102.

[27] Förster T. Zwischenmolekulare Energiewanderung und Fluoreszenz [J]. Annals of Physics, 1948, 2: 55 - 75.

[28] Sklar L A, Hudson B S, Simoni R D. Conjugated polyene fatty acids as fluorescent probes: binding to bovine serum albumin [J]. Biochemistry, 1977, 16: 5100 - 5108.

[29] Wu P, Brand L. Resonance energy transfer: methods and applications [J]. Analytical Biochemistry, 1994, 218: 1 - 13.

[30] Hossain M, Khan A Y, Kumar G S. Interaction of the Anticancer Plant Alkaloid Sanguinarine with Bovine Serum Albumin [J]. PLoS ONE, 2011, 6: 18333 - 18344.

[31] Sułkowska A. Interaction of drugs with bovine and human serumalbumin [J]. Journal of Molecular Structure, 2002, 614: 227 - 232.

[32] Abert W C, Gregory W M, Allan G S. The binding interaction of Coomassie blue with proteins [J]. Analytical Biochemistry, 1993, 213: 407 -

413.

[33] Ashoka S, Seetharamappa J, Kandagal P B, et al. Investigation of the interaction between trazodone hydrochloride and bovine serum albumin [J]. Journal of Luminescence, 2006, 121: 179 – 186.

[34] Vekshin N L. Separation of the tyrosine and tryptophan components of fluorescence using synchronous scanning method [J]. Biofizika, 1996, 41: 1176 – 1179.

[35] Miller J N. Recent advances in molecular luminescence analysis [J]. Proceedings of the Analytical Division of the Chemical Society, 1979, 16: 203 – 208.

[36] Yang P, Gao F. The Principle of Bioinorganic Chemistry [M]. Beijing: Science Press, 2002: 348 – 349.

[37] Greenfield N, Fasman G D. Computed circular dichroism spectra for the evaluation of protein conformation [J]. Biochemistry, 1969, 8: 4108 – 4116.

[38] Staprans I, Watanabe S. Optical Properties of Troponin, Tropomyosin, and Relaxing Protein of Rabbit Skeletal Muscle [J]. Journal of Biological Chemistry, 1970, 245: 5962 – 5966.

[39] Chen Y H, Yang J T, Martinez H M. Determination of the secondary structures of proteins by circular dichroism and optical rotatory dispersion [J]. Biochemistry, 1972, 11: 4120 – 4131.

[40] Gao H, Lei L D, Liu J Q, et al. The study on the interaction between human serum albumin and a new reagent with antitumour activity by spectrophotometric methods [J]. Journal of Photochemistry and Photobiology B- Biology, 2004, 167: 213 – 221.

[41] Morris G M, Goodsell D S, Halliday R S, et al. Automated Docking Using a Lamarckian Genetic Algorithm and an Empirical Binding Free Energy Function [J]. Journal of Computational Chemistry, 1998, 19: 1639 – 1662.

[42] Trott O, Olson A J. AutoDockVina: Improving the speed and accuracy of docking with a new scoring function, efficient optimization, and multithreading [J]. Journal of Computational Chemistry, 2010, 31: 455 – 461.

[43] Majorek K A, Porebski P J, Dayal A, et al. Structural and immunologic characterization of bovine, horse, and rabbit serum albumins [J]. Molecular Immunology, 2012, 52: 174 – 182.

[44] Tayeh N, Rungassamy T, Albani J R. Fluorescence spectral resolution of tryptophan residues in bovine and human serum albumins [J]. Journal of Pharmaceutical and Biomedical Analysis, 2009, 50: 107 – 116.

[45] Petitpas I, Petersen C E, Ha C E, et al. Structural basis of albumin thyroxine interactions and familial dysalbuminemic hyperthyroxinemia [J]. Proceedings of the National Academy of Sciences of the United States of America, 2003, 100: 6440 – 6445.

[46] DeLano W L. The PyMOL Molecular Graphics System [EB/OL] (2002). DeLano Scientific, San Carlos, USA. http: // www. pymol. org.

[47] Xu W, Deng Z P, Guo H, et al. A rapid and sensitive determination of aucubin in rat plasma by liquid chromatography – tandem mass spectrometry and its pharmacokinetic application [J]. Biomedical Chromatography, 2012, 26: 1066 – 1070.

[48] Davini E, Javarone C, Trogolo C, et al. The quantitative isolation and antimicrobial activity of the aglycone of aucubin [J]. Phytochemistry, 1986, 25 (10): 2420 – 2422.

[49] Chang I M. Liver – protective activities of aucubin derived from traditional oriental medicine [J]. Research Communications in Molecular Pathology & Pharmacology, 1998, 102: 189 – 204.

[50] Yamazaki M, Chiba K, Mohri T. Neuritogenic effect of natural iridoid compounds on PC12h cells and its possible relation to signaling protein kinases [J]. Biological & Pharmaceutical Bulletin, 1996, 19 (6): 791 –795.

[51] Yamazaki M, Hirota K, Chiba K, et al. Promotion of neuronal differentiation of C12h cells by natural lignans and iridoids [J]. Biological & Pharmaceutical Bulletin, 1994, 17 (12): 1604 – 1608.

[52] An S J, Pae H O, Oh G S, et al. Inhibition of TNF – α, IL – 1β, and IL – 6 productions and NF – B activation in lipopolysaccharide – activated RAW 264. 7 macrophages by catalposide, an iridoid glycoside isolated from Catalpa ovata G. Don (Bignoniaceae) [J]. International Immunopharmacology, 2002, 2 (8): 1173 – 1181.

[53] Chiang L C, Ng L T, Chiang W, et al. Immunomodulatory activities of flavonoids, monoterpenoids, triterpenoids, iridoid glycosides and phenolic com-

pounds of Plantago species [J]. Planta Medica, 2003, 69: 600 - 604.

[54] Li Y, Kamo S, Metori K, et al. The promoting effect of eucommiol from Eucommiae cortex on collagen synthesis [J]. Biological & Pharmaceutical Bulletin, 2000, 23 (1): 54 - 59.

[55] Ha H, Ho J, Shin S, et al. Effects of Eucommiae Cortex on osteoblast - like cell proliferation and osteoclast inhibition [J]. Archives of Pharmacal Research, 2003, 26 (11): 929 - 936.

[56] Ronsted N, Gøbel E, Franzyk H, et al. Chemotaxonomy of Plantago. Iridoidglucosides and caffeoylphenylethanoid glycosides [J]. Phytochemistry, 2000, 55 (4): 337 - 348.

[57] Taskova R M, Gotfredsen C H, Jensen S R. Chemotaxonomy of Veroniceae and its allies in the Plantaginaceae [J]. Phytochemistry, 2006, 67 (3): 286 - 301.

[58] Ramunno A, Serrilli A M, Piccioni F, et al. Taxonomical markers in two endemic plants of Sardinia: Verbascumconocarpum and Scrophularia trifoliate [J]. Natural Product Research, 2006, 20 (5): 511 - 516.

[59] He X M, Carter D C. Atomic structure and chemistry of human serum albumin [J]. Nature, 1992, 358: 209 - 215.

[60] Peters, T. All about Albumin. Biochemistry, Genetics and Medical Applications [J]. San Diego: Academic Press, 1996.

[61] Peters, T. Serum albumin [J]. Adv. Protein Chem, 1985, 37: 161 - 245.

[62] Curry S, Brick P, Franks N P. Fatty acid binding to human serum albuminnew insights from crystallographic studies [J]. Biochim Biophys Acta. , 1999, 1441: 131 - 140.

[63] Samari F, Hemmateenejad B, Shamsipur M, et al. Affinity of two novel five - coordinated anticancer Pt (II) complexes to human and bovine serum albumins: a spectroscopic approach [J]. Inorganic Chemistry, 2012, 51 (6): 3454 - 3464.

[64] Zhang Y P, Shi S Y, Huang K L, et al. Effect of Cu^{2+} and Fe^{3+} for drug delivery: Decreased binding affinity of ilaprazole to bovine serum albumin [J]. Journal of Luminescence, 2011, 131: 1927 - 1931.

[65] Navarra G, Tinti A, Leone M, et al. Influence of metal ions on thermal aggregation of bovine serum albumin: Aggregation kinetics and structural chan-

ges [J]. Journal of Inorganic Biochemistry, 2009, 103: 1729-1738.

[66] Wilkinson – White L E, Easterbrook – Smith S B. A dye – binding assay for measurement of the binding of Cu (Ⅱ) to proteins [J]. Journal of Inorganic Biochemistry, 2008, 102 (10): 1831-1838.

[67] Li D J, Zhu J F, Jin J. Spectrophotometric studies on the interaction between nevadensin and lysozyme [J]. Journal of Photochemistry & Photobiology A Chemistry, 2007, 189: 114-120.

[68] Wu X H, Liu J J, Wang Q, et al. Spectroscopic and molecular modeling evidence of clozapine binding to human serum albumin at subdomai Ⅱ A [J]. Spectrochimica Acta Part A Molecular and Biomolecular Spectroscopy, 2011, 79 (5): 1202-1209.

[69] Lerman L S. Structural considerations in the interaction of DNA and acridines [J]. Journal Molecular Biology, 1961, 3: 18-30.

[70] Sun Y T, Zhang H T, Sun Y, et al. Study of interaction between protein and main active components in Citrus aurantium L. By optical spectroscopy [J]. Journal of Luminescence, 2010, 130: 270-279.

[71] Birch D J S, Imhof R E. Time – domain fluorescence spectroscopy using time – correlated single – photon counting [J]. Springer US, 2002, 10.100 7/b 112905 (Chapter 1): 1-95.

[72] Chen G Z, Huang X Z, Zheng Z Z, et al. Fluorescence Analytical Method [M]. 2th ed. Beijing: Science Press, 1990: 117.

[73] Congdon R W, Muth G W, Splittgerber A G. The Binding Interaction of Coomassie Blue with Proteins [J]. Analytical Biochemistry, 1993, 213: 407-413.

[74] Vekshin N L. Separation of the tyrosine and tryptophan components of fluorescence using synchronous scanning method [J]. Biofizika, 1996, 41: 1176-1182.

[75] Xu X L, Zhang L Y, Shen D K, et al. Oxygen – dependent Oxidation of Fe (Ⅱ) to Fe (Ⅲ) and Interaction of Fe (Ⅲ) with Bovine Serum Albumin, Leading to a Hysteretic Effect on the Fluorescence of Bovine Serum Albumin [J]. Journal of Fluorescence, 2008, 18: 193-201.

第5章　农药化合物与血清白蛋白结合应用

毒性问题在整个药物研发过程都十分重要，如何及早、准确、经济地评价药物毒性是药物研发领域面临的重要问题。已有大量文献报道，药物与血清白蛋白的结合会影响药理学和毒理学，可用于辅助预测体内毒代动力学[1-4]。但是，药物结合载体蛋白与药物毒性之间的关系是什么？能否从这一视角预测药物毒性？这些重大科学问题一直未见文献报道。这严重限制了药物与载体蛋白结合研究的应用。

农药主要用于防治农业病、虫、草害，使用后部分农药最终会进入人和动物体内，从而对人和动物产生毒害。农药进入人和动物体内首先会不同程度与载体蛋白结合，而血清白蛋白是最主要的载体蛋白。有文献报道农药与血清白蛋白的结合可能是其毒性的指标[3]。作者近期在药物与载体蛋白结合的应用方面做了有益的尝试：首次提出并证明了基于载体蛋白结合信息角度预测药物毒性具有可行性，建立了药物毒性预测的新方法，即载体蛋白结合信息-毒性关系法（carrier protein binding information - toxicity relationship，CPBITR），并建立了药物毒性预测新平台。

5.1　药物结合血清白蛋白与其毒性研究现状

药物与血浆蛋白的结合往往是药物发挥作用和配置情况的第一

步。HSA 是人体血浆中最丰富的载体蛋白，药物与 HSA 的结合通常是可逆的，且发生在特定的部位，是药物配置的主要决定因素，它高度影响药物的药代动力学和药效学[2,5]。HSA 可以发挥多种生理功能，药物进入人体血液系统后，大部分会首先与 HSA 进行可逆性地结合，然后进行存储、转运、药效发挥和毒副作用[6]。药物与蛋白质的结合程度可以影响其在组织中分布、体内消除及治疗或毒性作用[7]。

药物与血浆蛋白之间结合情况是探究候选药物药代动力学和药效学特性的关键因素，因为它强烈影响药物分布，并决定药物的游离分数[8]。人们普遍认为，在人体作用部位的未结合（自由）药物水平是优化毒性（有效性）分析的相关指标，特别是在真实动态的体内条件下[9]。而未结合（自由）药物水平取决于血清白蛋白与化合物的结合强弱，药物与血清白蛋白的结合在一定程度上可以反映其毒性，这为基于药物-血清白蛋白结合角度预测药物毒性提供了可能。

5.2　现有毒性预测方法研究进展

毒性研究贯穿于药物研发的全过程，所有新药在进入市场之前都必须经过一系列毒性测试，毒性问题是决定药物能否研发成功的关键因素之一。在 2000 年，毒性和缺乏临床安全性占药物开发失败的 30%，即使在后期开发阶段，安全问题仍然是一个重大障碍[10-11]。为避免不必要的损失，毒性评估在几年前被建议提前至小分子药物研发的早期过程[12-13]。毒性的早期评估不仅有助于实现药物的精确设计与合成，而且能够有效地缩短药物开发周期、降低成本并且提高药物开发的成功率[14]。为了筛选出最有潜力的候选药物，许多策略和新方法已经被用于药物毒性的早期预测。

在药物开发的早期阶段应将毒理学数据与其他学科（例如化学、药理学、新陈代谢和药代动力学）的数据结合起来，以增加临床阶段成功的可能性[14-15]。为实现对目标物种（人类）的毒性预测，必须在临床前先使用其他物种（如小鼠、大鼠、狗和猴子等）

来评估药物毒性，从这可以看出开发良好预测模型的重要性。然而，在临床前研究中使用动物引起了伦理方面的关注[16]。由于 3R（减少、替代和优化）原则的发展和实施，整体动物实验面临着巨大挑战。除了道德方面的考虑外，动物模型和人类研究结果之间的不完全关联以及高昂的成本和漫长的时间也阻碍了毒理学的研究。由于存在费时费力、成本高昂以及以动物为模型等缺点，这些基于毒理学试验的传统方法正逐步被其他方法所代替[17]。现有的早期预测毒性方法主要有定量结构-毒性效应关系研究、细胞毒性测试及生物标志物检测等。

定量结构-毒性效应关系研究法具有快速而且成本低等优势，能够弥补传统方法的不足，在药物开发初期对候选药物进行毒性评价这一过程中已被广泛应用。许多药物毒性预测模型已经通过使用各种计算方法被开发。Hamadache 等[18]以 329 种农药为实验对象使用定量构效关系（QSAR）模型来预测农药对大鼠的急性口服毒性。Roy 等[19]通过 QSTR 方法研究了氨基甲酸酯类农药对大鼠和小鼠的急性口服毒性。Dulin 等[20]对 45 种乙酰胆碱酯酶抑制剂进行了QSAR 研究。陈艳等[21]以 22 种 N-甲基氨基甲酸酯类农药为研究对象，利用人工神经网络算法构建了毒性预测模型。刘兴泉、林红卫等[22-23]也进行了氨基甲酸酯类农药的定量结构-毒性相关研究。结构-毒性效应关系研究方法已成为筛选低毒候选药物的主要方法，但这种方法过于简单，高度敏感，且不结合具体实验，因此对于化学结构多种多样或者致毒机理复杂多变的药物只有一般的预测能力[24]。

体外毒理学分析是在体内毒理学研究之前进行的试验，试图预测具有发育限制的毒性或早期体内毒性试验。这些试验一般包括特异性细胞毒性、基因毒性、hERG 通道阻断、药物-药物相互作用和代谢毒性的测定。其中，细胞毒性试验通常是最早要进行的毒性试验之一。细胞毒性试验对于阐明体外安全性和有效性是十分有价值的，但具有一些局限性（缺乏代谢、细胞类型的敏感性差异等），且需要较高的实验条件和较长的周期[25]。

几个世纪以来，生物标志物一直被视为人类健康或病理诊断的指标。在药物开发领域，安全生物标志物可用于临床前动物研究以评估靶器官毒性，随后可用于临床试验中以监测对人的潜在不良影响[26]。如果可以在临床前验证新的生物标志物可预测早期毒性，并证明其对临床风险管理的有用性，那么它将提高化合物研发成功率。利用生物标志物有可能使药物的发现、开发和批准过程更加有效，但是生物标志物的开发和鉴定通常需要大量资源和时间，而且成本较高，难以实现高通量筛选[27-28]。此外，某些生物标志物背后的科学论据不是总能得到证实，这给生物标志物的确证和鉴定带来了挑战。

现有的毒性预测方法主要基于化学结构、体外细胞实验、特定标志物等视角，大多存在周期长、成本高、可靠性差、难以实现高通量筛选等特点，因此，急需找到基于新视角的简便、快速预测药物毒性的新方法。大量文献报道"药物与血清白蛋白的结合会影响其在体内的药理学和毒理学，可用于辅助预测体内毒代动力学"[1-4]。但是药物结合载体蛋白与药物毒性之间的关系究竟是什么？能否从这个视角预测药物毒性？这些重大科学问题未见文献报道。药物与血浆蛋白之间结合情况强烈影响药物分布，并决定药物的游离分数[8]。人们普遍认为药物在人体作用部位的未结合水平是优化毒性分析的相关指标[9]。而未结合药物水平取决于血清白蛋白与化合物的结合，药物与血清白蛋白的结合在一定程度上可以反映其毒性，这说明药物-血清白蛋白结合与毒性是有关联的，即通过这一新视角预测药物毒性是有理论依据的，这为我们开展的研究提供了理论上的可能性。光谱法具有灵敏度高、操作简便、快速、用量少、成本低等多种优点，已被广泛应用于药物和蛋白之间相互作用，为基于载体蛋白结合信息角度构建简便、快速、可靠的预测药物毒性新方法提供了技术上的可能性。

5.3 建模的基本理论与方法概述

随着各行各业的发展，数据量增多对数据处理和分析的效率有了更高的要求，一系列机器学习算法应运而生。随着机器学习和分子表征理论的发展，越来越多的药物毒性预测模型是基于支持向量机、随机森林、朴素贝叶斯、反向传播神经网络等多种机器学习方法建立的[29]。针对各式各样的模型需求，选用适当的机器学习算法可以更高效地解决一些实际问题。根据标签类型的不同，可以将监督学习分为分类问题和回归问题两种。前者预测的是样本类别（离散的），后者预测的则是样本对应的实数输出（连续的）。常见的建模方法有 Logistic regression、Support Vector Machine、RandomForest、AdaBoost、XGBoost、GradientBoosting、DecisionTree 和 Back Propagation Neural Network 等。

5.4　基于载体蛋白结合角度构建药物毒性预测新方法

基于早期毒性评估的重要性，本文旨在从新的角度寻找一种简便、快速、准确、成本低的新方法来预测药物毒性。本研究以氨基甲酸酯类农药为药物研究对象，以人血清白蛋白为载体蛋白模型，使用光谱学方法研究农药-蛋白质结合信息，并探究这些结合信息与毒性之间的关系，最终基于载体蛋白结合信息这个新视角建立了氨基甲酸酯类农药急性毒性预测新方法。

为阐明农药- HSA 相互作用信息与毒性之间的关系，我们共建立 16 种预测模型。基于农药与 HSA 之间相互作用信息，尝试了 8 种回归建模方法预测农药的急性经口 LD_{50} 值。如表 5-1 所示，从 ChemⅠDplus 数据库收集了 15 种氨基甲酸酯类农药对大鼠的急性经口 LD_{50} 值，并根据我国农药毒性分级标准确定了 15 种农药毒性等级。为使预测结果更为准确，选择了在接近人体环境温度（310 K）下测得的猝灭常数、结合位点数、结合常数、结合距离和自由能 5 个数据进行建模。上述 5 种信息可以通过荧光光谱法准确而快速获得，然后该类农药 LD_{50} 值可经模型快速拟合出来。为进一步验证结果，我们从分类模型角度研究了结合信息与毒性之间关系。如表 5-2 所示，我们收集了另外 3 种氨基甲酸酯类农药毒性信息，测试这 3 种农药与 HSA 结合信息并带入模型，验证了所建立毒性预测模型的准确性。

表 5 - 1　用于建模的 15 氨基甲酸酯类农药信息

编号	农药名称	LD_{50}（mg·kg^{-1}）	毒性等级
1	久效威砜	1.9	剧毒
2	杀线威	2.5	剧毒
3	久效威亚砜	3.8	剧毒
4	克百威	5	剧毒
5	久效威	8.5	高毒
6	灭多威	14.7	高毒
7	灭害威	30	高毒
8	猛杀威	35	高毒
9	残杀威	41	高毒
10	混灭威	178	中等毒
11	乙硫苯威	200	中等毒
12	灭除威	245	中等毒
13	速灭威	268	中等毒
14	异丙威	450	中等毒
15	丁酮砜威	458	中等毒

表 5 - 2　用于验证的 3 种氨基甲酸酯类农药信息

编号	农药名称	LD_{50}（mg·kg^{-1}）	毒性等级
1	涕灭威	0.5	剧毒
2	涕灭威砜	20	高毒
3	仲丁威	350	中等毒

5.4.1　毒性预测回归模型

（1）回归模型的建立　首先，通过相对简单的 Logistic 回归建立线性回归模型，获得了多元线性回归公式。由于 $R^2<0$，可见线性模型不适用于研究相互作用信息与 LD_{50} 值之间关系。然后，本章尝试多种非线性回归方法进行建模，共建立了 7 个常用的非线性模型，分别是 SVR 回归、RandomForest 回归、AdaBoost 回归、XGBoost. XGBRF 回归、GradientBoosting 回归、DecisionTree 回归和 BP‐NN 回归[30,31]。依据表 5‐3 可以发现，DecisionTree 回归和 BP‐NN 回归的 R^2 值都在 0.8 以上，显示出相对较好的拟合效果。接下来通过调整参数分别优化决策树回归模型和 BP‐NN 回归模型。从表 5‐4 可以看出，DecisionTree 模型和 BP‐NN 模型的 R^2 值经调参后分别达到 0.949 和 0.952，拟合效果大大提高。通过对多元回归模型的分析确定，DecisionTree 回归和 BP‐NN 回归可能具有最好的毒性预测效果。本研究中的所有参数均采用 python 和 Matlab2019a 中的默认值。BP‐NN 模型训练集的拟合度如图 5‐1 所示。

表 5‐3　回归模型名称和 R^2 值

算法名称	R^2
Logistic regression	−19.543
SVR regression	−55 741.380
RandomForest regression	0.307
AdaBoost regression	0.146
XGBoost. XGBRF regression	0.697
GradientBoosting regression	0.737
DecisionTree regression	0.835
BP‐NN regression	0.883

表 5‐4　调参后的 R^2 值

算法名称	R^2
DecisionTree regression	0.949
BP‐NN regression	0.952

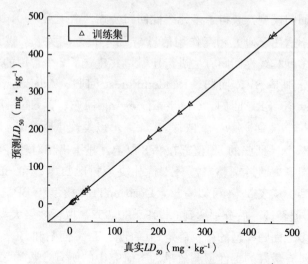

图 5-1　训练集的预测 LD_{50} 值及真实 LD_{50} 值

（2）回归模型的验证　为验证模型的预测效果，测试了其他3种氨基甲酸酯类农药与 HSA 之间结合信息。这3种农药与 HSA之间相互作用如图 5-2 至图 5-6 所示。通过荧光光谱实验，可以发现这3种农药同样都能与 HSA 结合，猝灭机制均为动态和静态混合机制，结合位点数均约为1，主要的作用力类型均为典型的疏水作用，这与上文 15 种农药的结合信息是基本一致的。表 5-5 列出了用于验证模型的 5 个指标：310 K 下的猝灭常数、结合位点数、结合常数、结合距离和自由能。

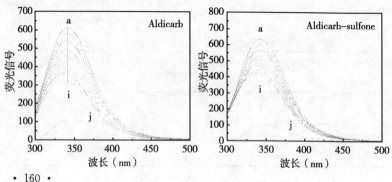

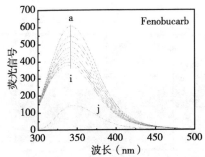

图 5-2 在用于验证的 3 种氨基甲酸酯类农药存在下 HSA 的普通荧光光谱

a. 5×10^{-7} mol·L^{-1} HSA　b~i. 5×10^{-7} mol·L^{-1} HSA，分别加入 5 mol·L^{-1}、15 mol·L^{-1}、30 mol·L^{-1}、45 mol·L^{-1}、60 mol·L^{-1}、75 mol·L^{-1}、90 mol·L^{-1} 和 105×10^{-7} mol·L^{-1} 农药　j. 仅 105×10^{-7} mol·L^{-1} 农药

注：pH=7.4，T=310 K

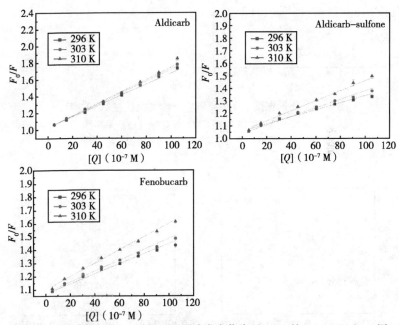

图 5-3 不同温度下 3 种氨基甲酸酯类农药猝灭 HSA 的 Stern-Volmer 图

[Q]. 农药浓度　F_0/F. 在不存在/存在农药的情况下的荧光信号

注：pH=7.4

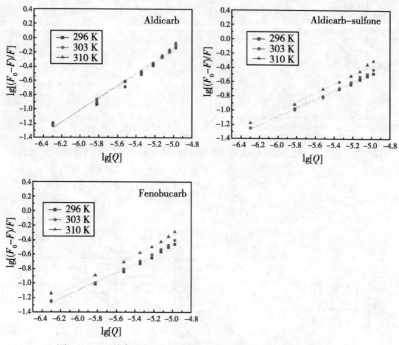

图 5-4   不同温度下 3 种氨基甲酸酯类农药与 HSA 相互
作用的 $\lg\left[(F_0-F)/F\right]$ 对 $\lg\left[Q\right]$ 关系图

$[Q]$. 农药浓度 F_0/F. 在没有/存在农药的情况下的荧光信号

注：pH=7.4

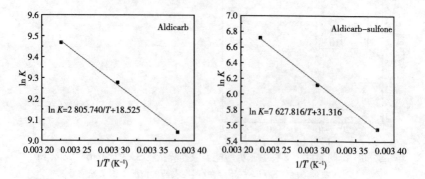

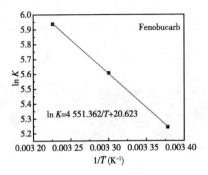

图 5-5 根据 Van't Hoff 方程得出的 ln$K$ 对 1/T 的关系图

注：K 为结合常数，T 为绝对温度，pH=7.4

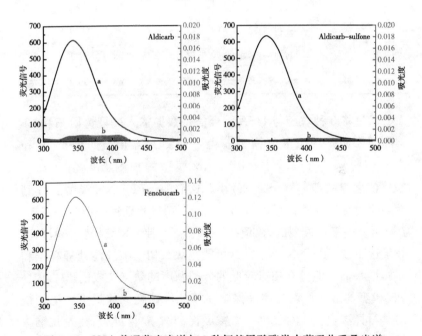

图 5-6 HSA 普通荧光光谱与 3 种氨基甲酸酯类农药吸收重叠光谱

a. 5×10^{-7} mol·L^{-1} HSA b. 5×10^{-7} M mol·L^{-1}农药

注：pH=7.4，T=310 K

表 5 - 5　用于验证的 3 种农药与 HSA 相互作用信息

物质名称	T (K)	K_{sv} ($10^4 M^{-1}$)	n	K_a (M^{-1})	ΔG^0 ($kJ \cdot mol^{-1}$)	r (nm)
	296	6.498 ± 0.153	0.823 ± 0.002	$(8.438\pm0.095)\times10^3$	-22.263	
涕灭威	303	6.999 ± 0.079	0.837 ± 0.002	$(1.069\pm0.037)\times10^4$	-23.341	
	310	7.230 ± 0.167	0.851 ± 0.002	$(1.294\pm0.003)\times10^4$	-24.419	2.623
	296	2.797 ± 0.157	0.582 ± 0.008	$(2.589\pm0.242)\times10^2$	-13.649	
涕灭威砜	303	3.379 ± 0.129	0.624 ± 0.003	$(4.548\pm0.081)\times10^2$	-15.471	
	310	3.984 ± 0.197	0.654 ± 0.010	$(8.295\pm0.259)\times10^2$	-17.294	2.376
	296	3.803 ± 0.107	0.535 ± 0.006	$(1.894\pm0.144)\times10^2$	-12.911	
仲丁威	303	4.110 ± 0.183	0.559 ± 0.004	$(2.724\pm0.153)\times10^2$	-14.111	
	310	5.030 ± 0.145	0.567 ± 0.008	$(3.792\pm0.370)\times10^2$	-15.312	2.791

　　通过将 3 种农药与 HSA 结合信息数据输入决策树回归和 BP 神经网络回归两个最好模型获得了预测 LD_{50} 值，如表 5 - 6 和表 5 - 7 所示，可以看出，BP - NN 模型的预测 LD_{50} 值和真实 LD_{50} 值之间的残差（SSE）最小。这表明，BP - NN 模型的预测效果明显优于决策树模型，BP - NN 模型对验证集的拟合如图 5 - 7 所示。决策树模型的 R^2 值接近 BP - NN 神经网络模型，但预测效果远不及 BP - NN 模型。这可能是决策树模型虽能处理高维和多样性特征，但具有相对较低的分类精度的缺点造成的[32]。BP - NN 模型的最大特点是在确保学习算法准确性的前提下，比传统的学习算法要快，对于单个隐藏层神经网络可以随机初始化输入权重和偏差，并可以获得相应的输出权重。根据 BP - NN 模型可以看出，结合信息与毒性之间存在很强的相关性，这表明该方法可用于预测毒性。

表 5－6　DecisionTree 模型预测结果

农药名称	真实 LD_{50} (mg · kg^{-1})	调参前		调参后	
		预测 LD_{50} (mg · kg^{-1})	残差 (SSE)	预测 LD_{50} (mg · kg^{-1})	残差 (SSE)
涕灭威	0.5	2.5	2	15.82	15.32
涕灭威砜	20	35	15	15.82	4.18
仲丁威	350	268	82	299.83	50.17

注：残差＝预测 LD_{50}-真实 LD_{50}，下同。

表 5－7　BP－NN 模型预测结果

农药名称	真实 LD_{50} (mg · kg^{-1})	调参前		调参后	
		预测 LD_{50} (mg · kg^{-1})	残差 (SSE)	预测 LD_{50} (mg · kg^{-1})	残差 (SSE)
涕灭威	0.5	1.778 9	1.278 9	0.569 88	0.069 88
涕灭威砜	20	21.401 5	1.401 5	20.070 3	0.070 3
仲丁威	350	350.946 4	0.946 4	350.046 7	0.046 7

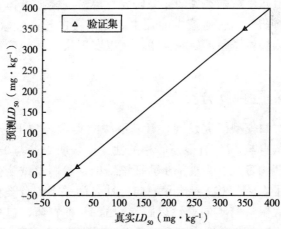

图 5－7　BP－NN 模型验证集的预测 LD_{50} 值及真实 LD_{50} 值

Hamadache 等[18]建立了有效的 QSAR 模型来预测 329 种农药对大鼠的急性口服毒性，他们的 QSAR 模型是基于经过准牛顿反向传播（BFGS）算法训练的人工神经网络模型，本章中用于预测的涕灭威和仲丁威在其模型中用作训练集的农药，该模型的 $R^2 = 0.96$，接近于我们构建的 BP-NN 模型。Roy 等[19]通过 QSTR 方法研究了氨基甲酸酯类农药对大鼠和小鼠的急性口服毒性。使用 QSARINS 软件使用遗传算法（GA）作为特征选择化学计量工具建立了他们的模型，获得的 R^2 均低于 0.9。Dulin 等[20]使用遗传算法对 45 种乙酰胆碱酯酶抑制剂进行了定量构效关系（QSAR）研究，阐明了胆碱酯酶抑制剂对蜜蜂的接触毒性，包括某些氨基甲酸酯类农药对蜜蜂的毒性（最佳模型的 $R^2 = 0.782$）。陈艳等[21]以 22 种 N-甲基氨基甲酸酯类农药为研究对象，建立了预测毒性的人工神经网络模型。以上研究人员均已经建立了化学结构-毒性关系模型来预测氨基甲酸酯类农药的毒性。而本研究建立了基于载体蛋白结合的新角度预测氨基甲酸酯类农药毒性的新方法，结果发现 BP-NN 回归模型和分类模型具有较高的拟合度和良好的验证效果。药物在人体中发挥作用是一个相对很复杂的过程，可能与许多因素有关。因此，本研究选择了结构相似且作用于相同靶标的氨基甲酸酯类农药作为研究对象。在模拟人体生理环境条件下，将药物结合血液中的最主要载体蛋白与毒性联系起来，为毒性预测提供了新的研究视角，用以实现快速、准确评估药物毒性。

5.4.2　毒性预测分类模型

通过回归模型研究发现，氨基甲酸酯类农药与 HSA 之间的相互作用信息与 LD_{50} 有很强的相关性，这表明农药与 HSA 的结合可影响药物毒性。为进一步验证该结论，我们尝试从分类模型角度探究了农药-HSA 结合信息与毒性之间关系。分类模型的训练集为对大鼠具有不同急性口服毒性的 15 种农药，包括 4 个剧毒性农药、5 个高毒性农药和 6 个中等毒性农药。我们共建立 8

种分类模型来阐明结合信息与毒性之间关系，模型预测结果如表 5－8 所示。在这些模型中，BP－NN 分类模型具有 100％的毒性判定准确度，这也验证了基于人血清白蛋白结合信息预测药物毒性具有可行性。

表 5－8　分类模型的预测结果

算法名称	涕灭威		涕灭威砜		仲丁威		准确度
	真实毒性	预测毒性	真实毒性	预测毒性	真实毒性	预测毒性	
SVC	0	0	1	2	2	2	66.66％
RandomForestClassifier	0	0	1	2	2	2	66.66％
AdaBoostClassifier	0	0	1	2	2	2	66.66％
GradientBoostingClassifier	0	0	1	2	2	2	66.66％
XGBoost. XGBClassifier	0	0	1	2	2	2	66.66％
lgb. LGBMClassifier	0	2	1	2	2	2	33.33％
DecisionTreeClassifier	0	0	1	2	2	2	66.66％
BackpropagationClassifier	0	0	1	1	2	2	100％

注：0 代表剧毒，1 代表高毒，2 代表中等毒。

5.4.3　载体蛋白结合信息-毒性关系法的建立

毒性是决定药物能否开发成功的关键因素，对药物毒性的早期预测可以准确地指导药物合成并缩短开发周期。现有的早期预测毒性方法主要有定量结构-毒性效应关系研究、细胞毒性测试及生物标志物检测等。大量文献报道，药物与血清白蛋白的结合会影响药理学和毒理学，它们之间结合信息可用于辅助预测体内毒代动力学[1-4]。基于上述研究，我们提出基于载体蛋白结合信息这一全新视角预测药物毒性。

为了验证基于载体蛋白结合信息角度预测药物毒性的可行

性，以氨基甲酸酯类农药为研究药物对象，以人血清白蛋白为载体蛋白研究模型。首先通过光谱法和分子对接研究了氨基甲酸酯类农药与 HSA 之间相互作用信息；然后根据结合信息建立了多种毒性预测模型。实验证明从载体蛋白结合信息这一角度预测药物毒性具有可行性。基于这一新视角，我们建立了预测药物毒性的新方法。

我们新建立的药物毒性预测方法建立的思想基础是我们提出了载体蛋白结合角度预测药物毒性这一新思路，该方法本质是研究载体蛋白结合信息与其毒性的关系。因此，我们将该方法中文定义为：载体蛋白结合信息-毒性关系法，英文名称为 carrier protein binding information‐toxicity relationship，英文缩写为 CPBITR。

CPBITR 法适用范围：适用于所有能结合载体蛋白的药物。优点是操作简便、周期短、成本低、适用范围较广，但也存在一些不足之处，比如，要实现某类药物毒性精准预测，需要已知一定数量该类化合物的毒性。

5.4.4 药物毒性预测平台的构建

在所有模型中，BP‐NN 模型的效果是最好的，拟合程度最高。因此，基于 BP‐NN 回归模型建立了"基于与载体蛋白结合信息角度预测药物毒性平台"（该平台已在中国版权中心进行计算机软件著作权登记，登记号：2021SR0226101）并获得了可视化界面，界面如图 5‐8 所示。通过输入 5 个荧光光谱参数（猝灭常数、结合位点数、结合常数、自由能和结合距离），该平台可以运行后台程序以快速拟合该农药的 LD_{50} 值。该平台使用开源软件构建，将来可以扩展其他类型的药物毒性预测和生态环境毒性。此外，该平台可以升级并开发为共享平台，可用于早期阶段快速预测农药的毒性，为筛选有研发价值的低毒化合物提供了新方法。

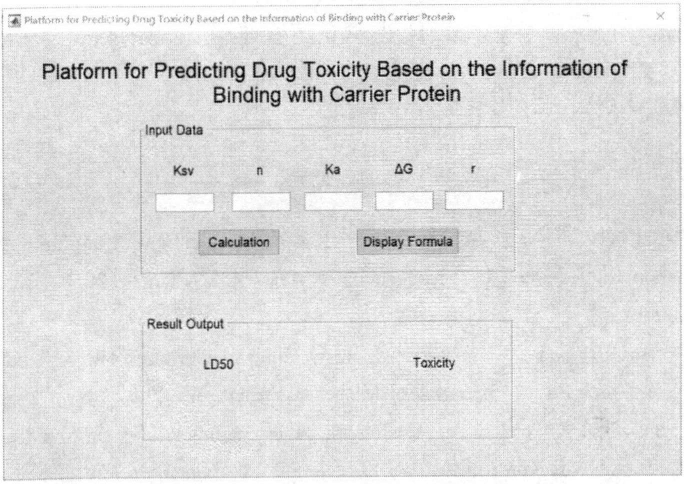

图 5 - 8　基于与载体蛋白结合信息角度预测药物毒性平台

5.5　总结与展望

我们使用多种光谱法和分子对接技术，深入研究了多种农药化合物与载体蛋白结合的结合信息和作用机制。首次提出并证明了基于载体蛋白结合信息这一新视角预测药物毒性具有可行性；建立了一种相对通用的药物急性毒性预测新方法，即"载体蛋白结合信息-毒性关系"（carrier protein binding information - toxicity relationship，CPBITR），该方法适用于大多数药物的毒性预测，具有应用广泛、简便、快速等优点；并且建立了"基于与载体蛋白结合信息角度预测药物毒性平台"（2021SR0226101）。该平台可用于早期预测农药毒性，对筛选有研发价值的低毒化合物具有重要价值。

所有药物进入人体都会首先与载体蛋白结合，因此我们建立的药物毒性预测新方法和新平台具有通用价值，不只适用于农药毒性预测，依据我们的思路和方法，可以用于包括医药在内的大部分药物毒性预测。这对药物研发具有重要的支撑作用。此外，我们的研究为评估农药的生态环境毒性提供了新思路。

未来可以基于 CPBITR 法建立药物毒性预测的新型生物传感器，从而更加自动化、高效地预测药物毒性。

─────── **参考文献** ───────

[1] Fanali G, di Masi A, Trezza V, et al. Human serum albumin: from bench to bedside [J]. Molecular Aspects of Medicine, 2012, 33 (3): 209-290.

[2] Ascenzi P, Fanali G, Fasano M, et al. Clinical relevance of drug binding to plasma proteins [J]. Journal of Molecular Structure, 2014, 1077: 4-13.

[3] Zhu C, Liu F, Wei Y, et al. Evaluating the potential risk by probing the site-selective binding of rutin - Pr (Ⅲ) complex to human serum albumin [J]. Food and Chemical Toxicology, 2021, DOI: 10.1016/j.fct.2020.111927.

[4] Faisal Z, Vörös V, Fliszár - Nyúl E, et al. Probing the Interactions of Ochratoxin B, Ochratoxin C, Patulin, Deoxynivalenol, and T - 2 Toxin with Human Serum Albumin [J]. Toxins, 2020, DOI: 10.3390/toxins12060392.

[5] Yamasaki K, Chuang V T, Maruyama T, et al. Albumin - drug interaction and its clinical implication [J]. Biochimica et Biophysica Acta, 2013, 1830 (12): 5435-5443.

[6] 申炳俊, 柳婷婷. 光谱法和分子对接技术研究胡桃醌与人血清白蛋白的相互作用 [J]. 分析化学, 2020, 48 (10): 1383-1391.

[7] Ma X, Yan J, Wang Q, et al. Spectroscopy study and co - administration effect on the interaction of my cophenolic acid and human serum albumin [J]. International Journal of Biological Macromolecules, 2015, 77: 280-286.

[8] Hu Y J, Liu Y, Xiao X H. Investigation of the Interaction between Berberine and Human Serum Albumin [J]. Biomacromolecules, 2009, 10: 517-521.

[9] Poulin P, Burczynski F J, Haddad S. The Role of Extracellular Binding Proteins in the Cellular Uptake of Drugs: Impact on Quantitative In Vitro - to - In Vivo Extrapolations of Toxicity and Efficacy in Physiologically Based Pharmacokinetic - Pharmacodynamic Research [J]. Journal of Pharmaceu-

tical Sciences，2016，105（2）：497 - 508.

［10］ Feng H，Zhang L，Li S，et al. Predicting the reproductive toxicity of chemicals using ensemble learning methods and molecular fingerprints ［J］. Toxicology Letters，2021，340：4 - 14.

［11］ Vo A H，Van Vleet T R，Gupta R R，et al. An Overview of Machine Learning and Big Data for Drug Toxicity Evaluation ［J］. Chemical Research in Toxicology，2019，33（1）：20 - 37.

［12］ Verbist B M，Verheyen G R，Vervoort L，et al. Integrating High - Dimensional Transcriptomics and Image Analysis Tools into Early Safety Screening：Proof of Concept for a New Early Drug Development Strategy ［J］. Chemical Research in Toxicology，2015，28（10）：1914 - 1925.

［13］ Hornberg J J，Laursen M，Brenden N，et al. Exploratory toxicology as an integrated part of drug discovery. Part Ⅰ：Why and how ［J］. Drug Discovery Today，2014，19（8）：1131 - 1136.

［14］ Segall M D，Barber C. Addressing toxicity risk when designing and selecting compounds in early drug discovery ［J］. Drug Discovery Today，2014，19（5）：688 - 693.

［15］ Dambach D M，Misner D，Brock M，et al. Safety Lead Optimization and Candidate Identification：Integrating New Technologies into Decision - Making ［J］. Chemical Research in Toxicology，2016，29（4）：452 - 472.

［16］ Olson H，Betton G，Robinson D，et al. Concordance of the toxicity of pharmaceuticals in humans and in animals ［J］. Regulatory Toxicology and Pharmacology，2000，32（1）：56 - 67.

［17］ 施畅，马华智，王全军，等. 化学物（药物）毒性测试替代体系的建立及应用 ［J］. 中国比较医学杂志，2017，27（5）：6 - 8.

［18］ Hamadache M，Benkortbi O，Hanini S，et al. A Quantitative Structure Activity Relationship for acute oral toxicity of pesticides on rats：Validation，domain of application and prediction ［J］. Journal of Hazardous Materials，2016，303：28 - 40.

［19］ Roy P P，Banjare P，Verma S，et al. Acute Rat and Mouse Oral Toxicity Determination of Anticholinesterase Inhibitor Carbamate Pesticides：A QSTR Approach ［J］. Molecular Informatics，2019，DOI：10. 1002/ minf. 201800151.

[20] Dulin F, Halm - Lemeille M P, Lozano S, et al. Interpretation of honey-bees contact toxicity associated to acetylcholinesterase inhibitors [J]. Ecotoxicology and Environmental Safety, 2012, 79: 13 - 21.

[21] 陈艳, 何宇寰. 人工神经网络用于 N - 甲基氨基甲酸酯类农药急性毒性的预测 [J]. 分子科学学报, 2015, 31 (6): 462 - 467.

[22] 林红卫, 李志良. 氨基甲酸酯类农药的结构表征与定量结构毒性相关研究 [J]. 怀化学院学报 (自然科学), 2006 (2): 53 - 56.

[23] 刘兴泉, 杨靖民, 赵晓峰. 氨基甲酸酯类农药结构/急性毒性的三维定量构效关系研究 [J]. 吉林农业大学学报, 2002 (5): 81 - 85.

[24] Lu J, Lu D, Fu Z, et al. Machine Learning - Based Modeling of Drug Toxicity [J]. Methods in Molecular Biology, 2018, 1754: 247 - 264.

[25] Kramer J A, Sagartz J E, Morris D L. The application of discovery toxicology and pathology towards the design of safer pharmaceutical lead candidates [J]. Nature Reviews Drug Discovery, 2007, 6 (8): 636 - 649.

[26] Shaw M. Novel biomarker platforms in toxicology [J]. Drug Discovery Today: Technologies, 2006, 3 (1): 95 - 102.

[27] Loiodice S, Nogueira da Costa A, Atienzar F. Current trends in in silico, in vitro toxicology, and safety biomarkers in early drug development [J]. Drug and Chemical Toxicology, 2019, 42 (2): 113 - 121.

[28] Gromova M, Vaggelas A, Dallmann G, et al. Biomarkers: Opportunities and Challenges for Drug Development in the Current Regulatory Landscape [J]. Biomarker Insights, 2020, DOI: 10.1177/1177271920974652.

[29] Zhang L, Zhang H, Ai H, et al. Applications of Machine Learning Methods in Drug Toxity Prediction [J]. Current Topics in Medicinal Chemistry, 2018, 18 (12): 987 - 997.

[30] Kianpour M, Mohammadinasab E, Isfahani T M. Comparison between genetic algorithm - multiple linear regression and back - propagation - artificial neural network methods for predicting the LD_{50} of organo (phosphate and thiophosphate) compounds [J]. Journal of the Chinese Chemical Society, 2020, 67 (8): 1356 - 1366.

[31] Lei T, Sun H, Kang Y, et al. ADMET Evaluation in Drug Discovery. 18. Reliable Prediction of Chemical - Induced Urinary Tract Toxicity by Boosting Machine Learning Approaches [J]. Molecular Pharmaceutics,

2017，14（11）：3935 - 3953.

[32] Karim A，Mishra A，Newton M A H，et al. Efficient Toxicity Prediction via Simple Features Using Shallow Neural Networks and Decision Trees [J]. ACS Omega，2019，4（1）：1874 - 1888.

图书在版编目（CIP）数据

农药化合物与血清白蛋白结合研究及其应用 / 徐洪
亮著. —北京：中国农业出版社，2021.7
　　ISBN 978-7-109-28526-2

　　Ⅰ.①农… Ⅱ.①徐… Ⅲ.①农药－安全性－研究
Ⅳ.①TQ450.2

中国版本图书馆 CIP 数据核字（2021）第 139140 号

中国农业出版社出版
地址：北京市朝阳区麦子店街 18 号楼
邮编：100125
责任编辑：魏兆猛
版式设计：王　晨　责任校对：周丽芳
印刷：北京大汉方圆数字文化传媒有限公司
版次：2021 年 7 月第 1 版
印次：2021 年 7 月北京第 1 次印刷
发行：新华书店北京发行所
开本：880mm×1230mm　1/32
印张：5.75
字数：180 千字
定价：50.00 元